기초실무

[전신피부관리]

홍승정 · 이연희 · 최은영 · 이길영
이연미 · 권혜영 · 윤미숙 공저

光文閣
www.kwangmoonkag.co.kr

머리말

피부미용은 단순히 피부의 개선을 목적으로 하는 것에서 벗어나, 건강한 아름다움을 추구하는 내면을 이루는 정신적, 정서적 측면을 통한 내적인 관리를 통해 효과를 극대화시키는 것이 중요하게 되었다. 따라서 건강의 개념 아래 내면적인 아름다움에 관심이 집중되고 전인적인 아름다움(holistic beauty)에 대한 수요가 급증하는 추세이다. 그러므로 전신관리의 비중은 점점 더 늘어가고 있다.

본 교재는 피부미용에 입문하는 초보에서부터 경력자들까지 피부미용관리에서 이루어지는 실전 매뉴얼 테크닉을 누구나 쉽게 이해하도록 구성되었으며, 전신관리에 있어서 기초가 되는 바디 매뉴얼 테크닉을 위주로 구성하여 올바로 적용할 수 있는 기본 지침서로 활용되기 바란다.

저희 저자 일동은 최선을 다해 집필하였으나 다소 미비한 부분은 앞으로도 계속 수정 보완해 나갈 것이며, 많은 여러분들의 조언을 부탁드린다.

끝으로 이책을 출간하는데 도움을 주신 광문각출판사 박정태 사장님과 임직원 여러분께 깊은 감사를 표한다.

2010년 8월

저자 일동

목차

기초실무
전신피부관리

CHAPTER

01 골격 및 근육의 이해

1. 골격계

1) 전신의 골격

인간의 골격은 관절과 인대 조직과 마찬가지로 206개의 뼈로 이루어진다.

골격계의 기능

- 신체를 지지한다.
- 신체를 방어한다.
- 지질과 칼슘을 저장한다.
- 혈구세포를 생성한다.

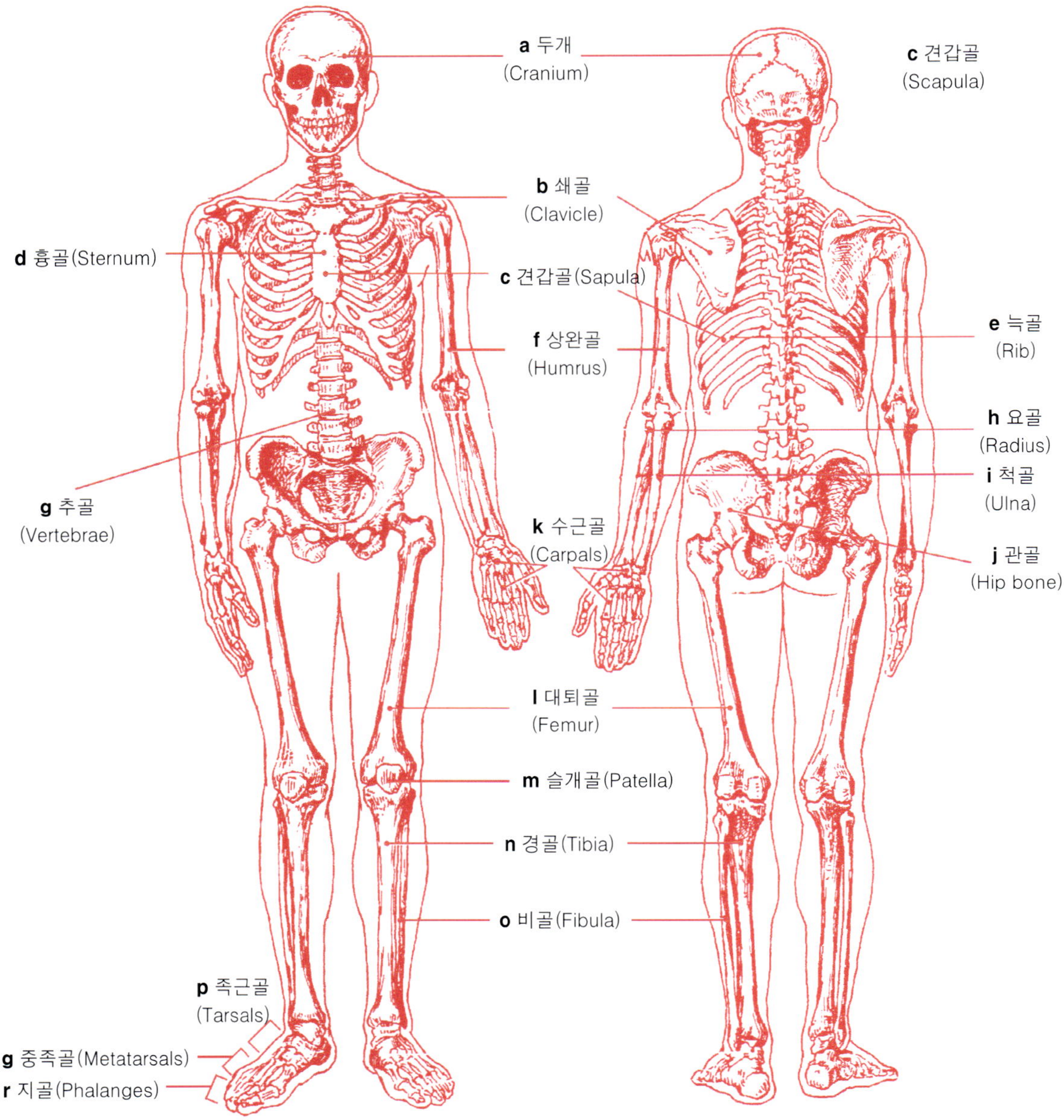
a 두개
(Cranium)
c 견갑골
(Scapula)
b 쇄골
(Clavicle)
d 흉골(Sternum)
c 견갑골(Sapula)
f 상완골
(Humrus)
e 늑골
(Rib)
h 요골
(Radius)
i 척골
(Ulna)
g 추골
(Vertebrae)
k 수근골
(Carpals)
j 관골
(Hip bone)
l 대퇴골
(Femur)
m 슬개골(Patella)
n 경골(Tibia)
o 비골(Fibula)
p 족근골
(Tarsals)
g 중족골(Metatarsals)
r 지골(Phalanges)

[그림 1] 전신의 골격

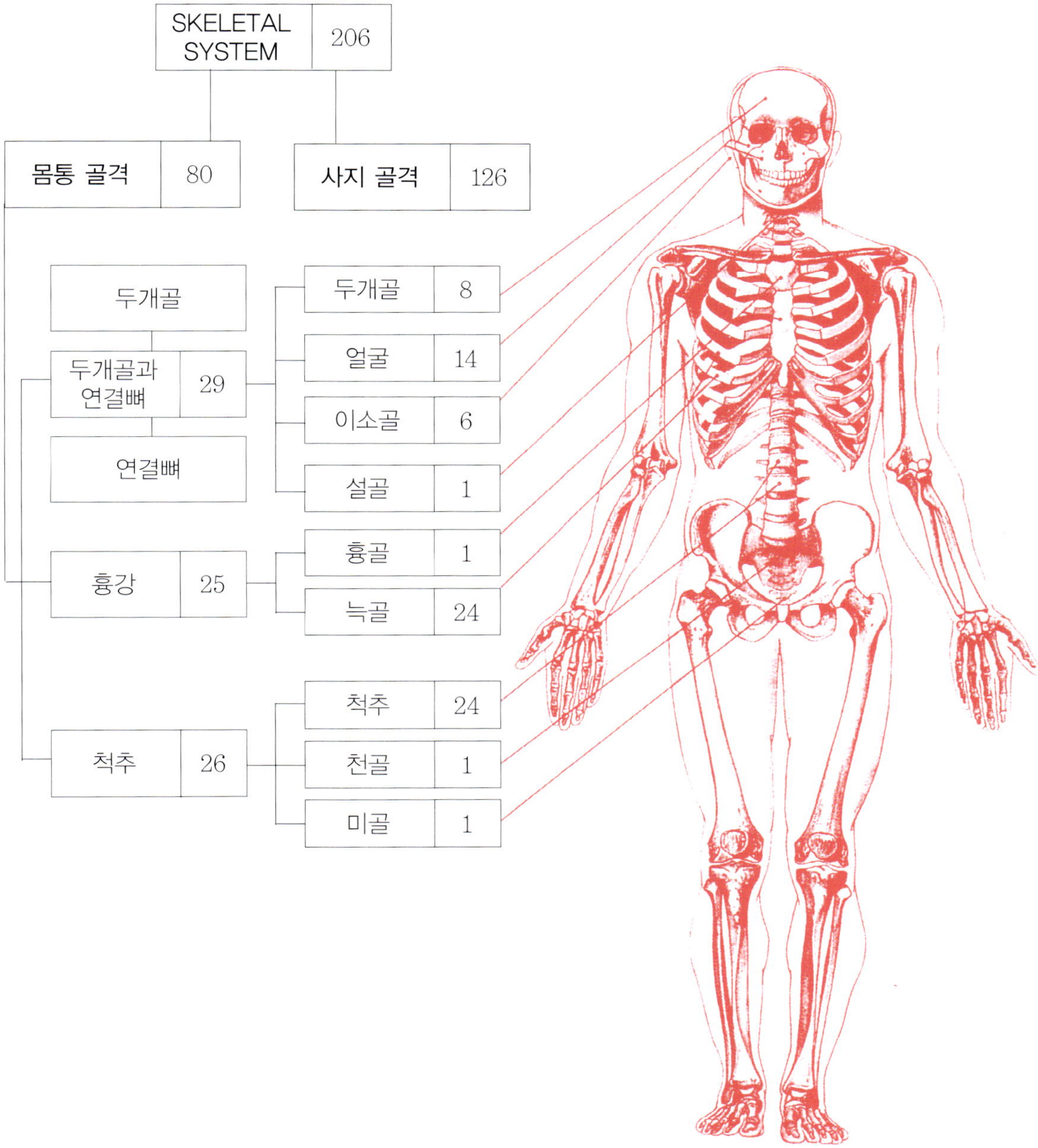
SKELETAL SYSTEM
206
몸통 골격
80
사지 골격
126
두개골
두개골과 연결뼈
29
연결뼈
두개골
8
얼굴
14
이소골
6
설골
1
흉강
25
흉골
1
늑골
24
척추
26
척추
24
천골
1
미골
1

[그림 2] 몸통 골격

2. 근육계

1) 전신의 근육

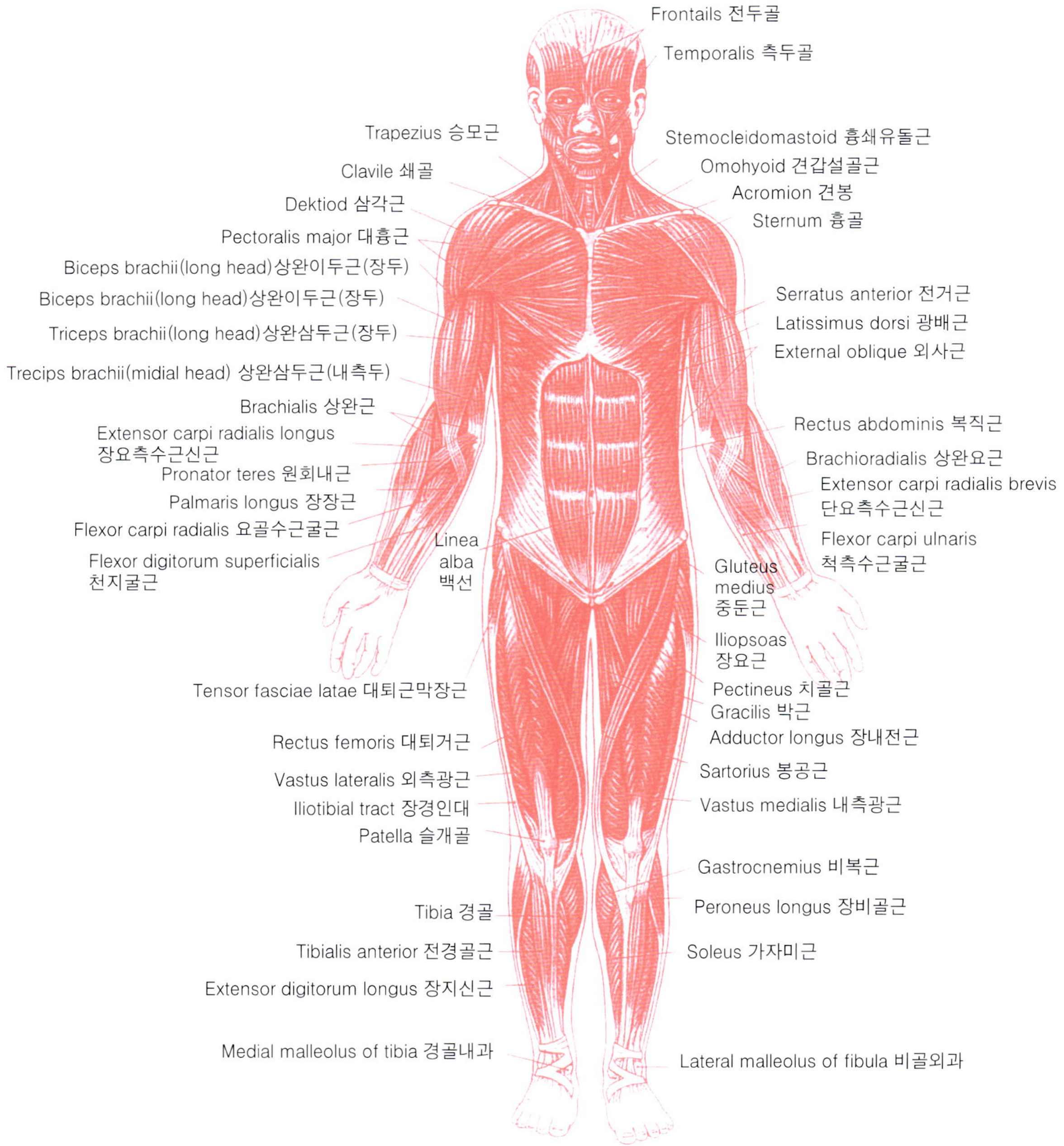

[그림 3] 전신의 골격근 (전면)

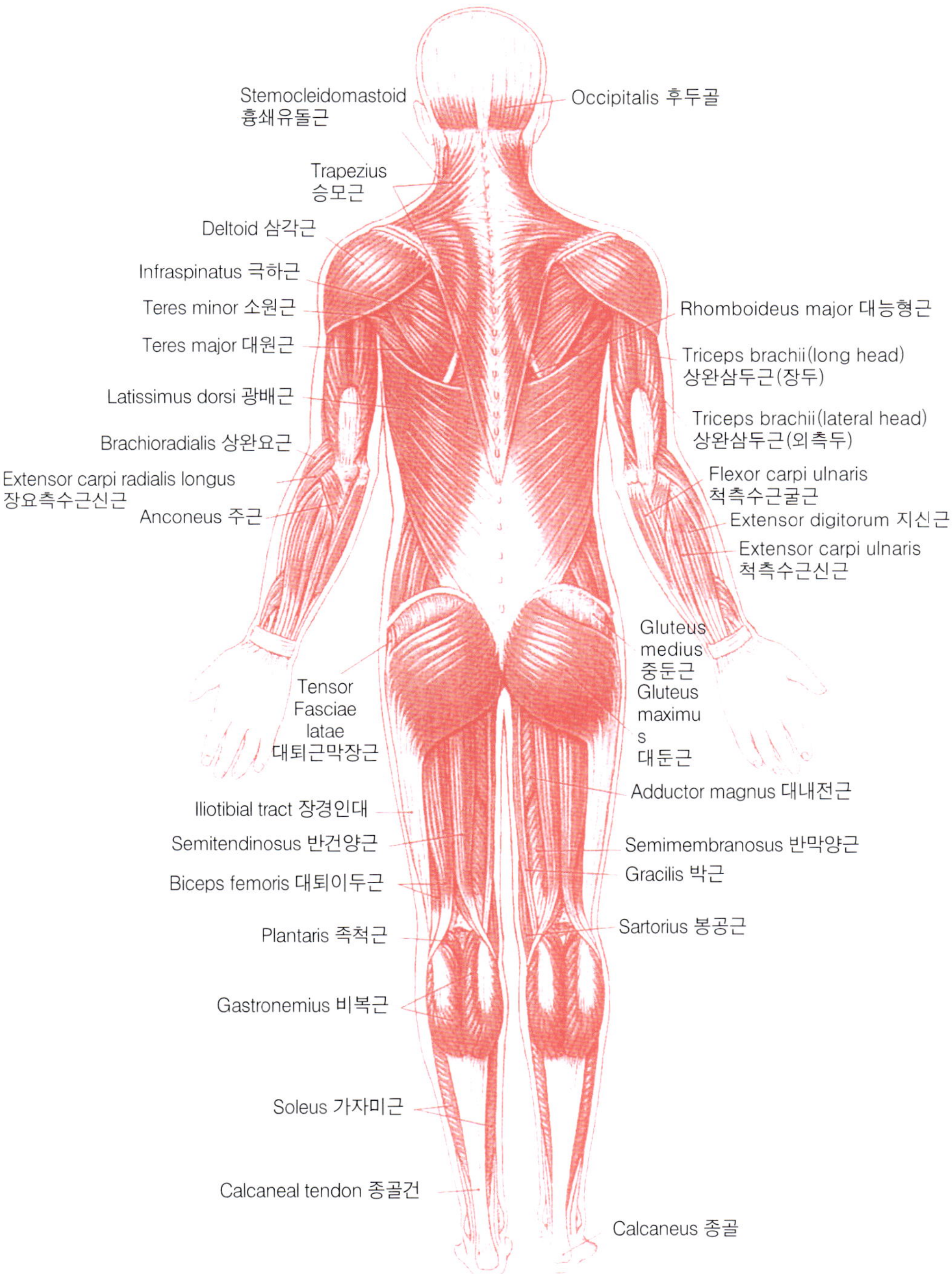

[그림 4] 전신의 골격근 (후면)

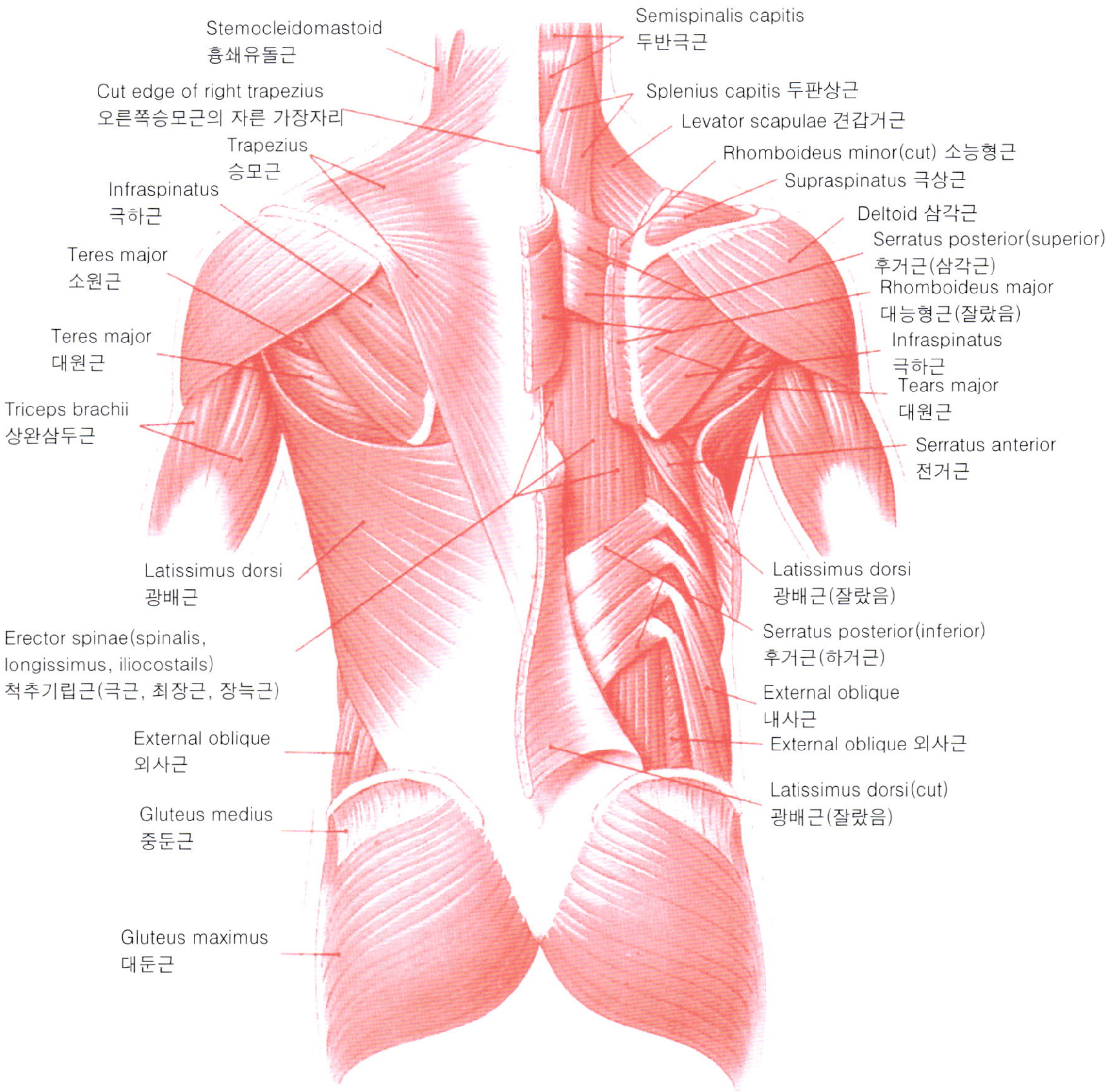
Stemocleidomastoid
흉쇄유돌근
Cut edge of right trapezius
오른쪽승모근의 자른 가장자리
Trapezius
승모근
Infraspinatus
극하근
Teres major
소원근
Teres major
대원근
Triceps brachii
상완삼두근
Latissimus dorsi
광배근
Erector spinae(spinalis,
longissimus, iliocostails)
척추기립근(극근, 최장근, 장늑근)
External oblique
외사근
Gluteus medius
중둔근
Gluteus maximus
대둔근
Semispinalis capitis
두반극근
Splenius capitis 두판상근
Levator scapulae 견갑거근
Rhomboideus minor(cut) 소능형근
Supraspinatus 극상근
Deltoid 삼각근
Serratus posterior(superior)
후거근(삼각근)
Rhomboideus major
대능형근(잘랐음)
Infraspinatus
극하근
Tears major
대원근
Serratus anterior
전거근
Latissimus dorsi
광배근(잘랐음)
Serratus posterior(inferior)
후거근(하거근)
External oblique
내사근
External oblique 외사근
Latissimus dorsi(cut)
광배근(잘랐음)

[그림 5] 등의 근육

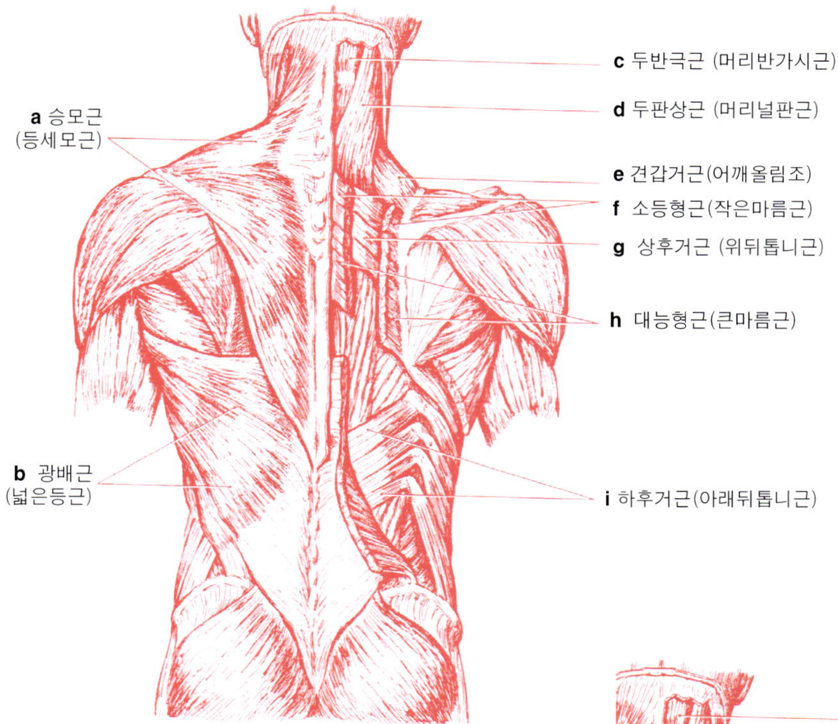
c 두반극근 (머리반가시근)
d 두판상근 (머리널판근)
a 승모근
(등세모근)
e 견갑거근(어깨올림조)
f 소등형근(작은마름근)
g 상후거근 (위뒤톱니근)
h 대능형근(큰마름근)
b 광배근
(넓은등근)
i 하후거근(아래뒤톱니근)

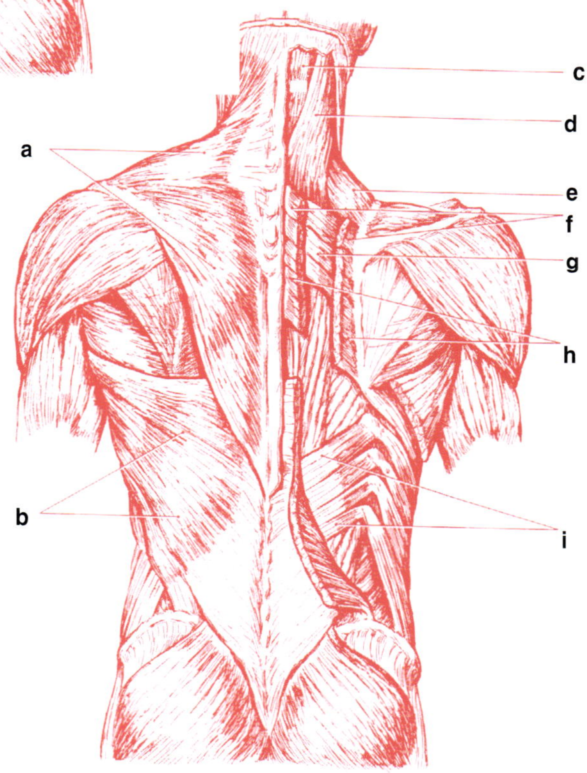
c
d
a
e
f
g
h
b
i

등을 이루는 근육

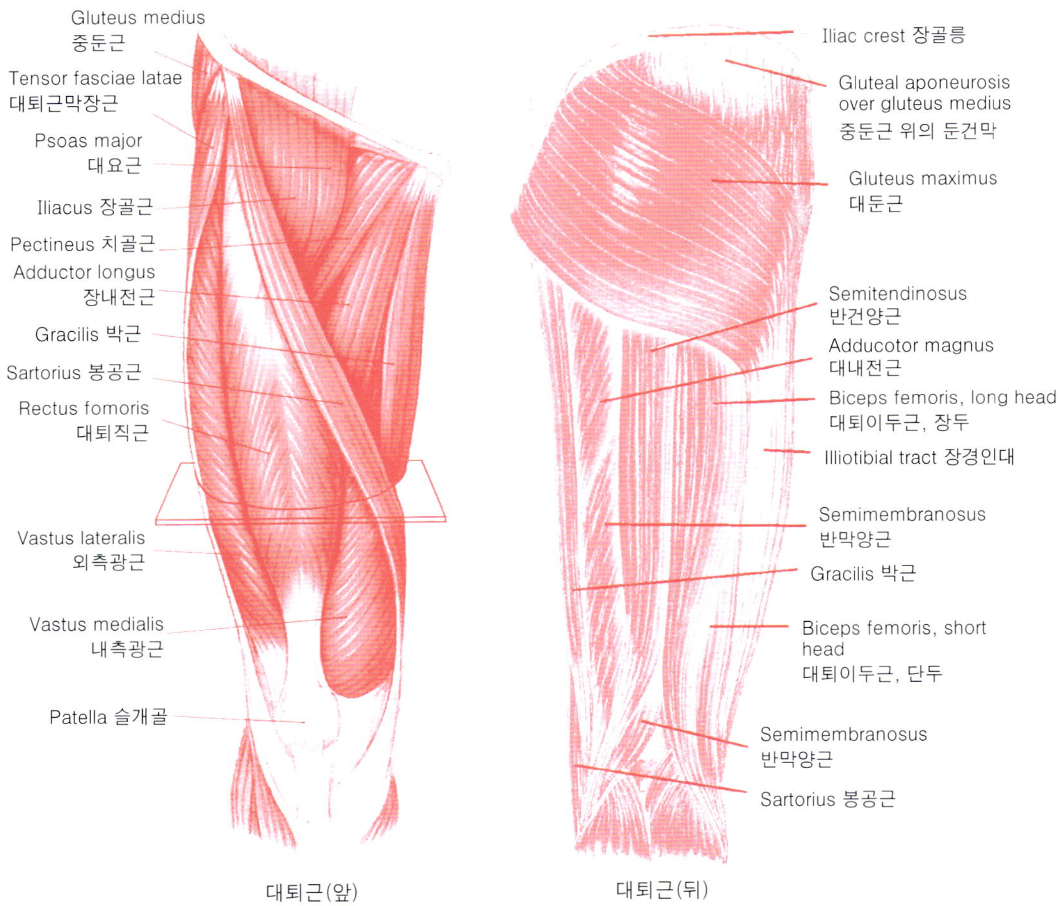
Gluteus medius
중둔근
Tensor fasciae latae
대퇴근막장근
Psoas major
대요근
Iliacus 장골근
Pectineus 치골근
Adductor longus
장내전근
Gracilis 박근
Sartorius 봉공근
Rectus fomoris
대퇴직근
Vastus lateralis
외측광근
Vastus medialis
내측광근
Patella 슬개골
대퇴근(앞)
Iliac crest 장골릉
Gluteal aponeurosis
over gluteus medius
중둔근 위의 둔건막
Gluteus maximus
대둔근
Semitendinosus
반건양근
Adducotor magnus
대내전근
Biceps femoris, long head
대퇴이두근, 장두
Illiotibial tract 장경인대
Semimembranosus
반막양근
Gracilis 박근
Biceps femoris, short
head
대퇴이두근, 단두
Semimembranosus
반막양근
Sartorius 봉공근
대퇴근(뒤)

[그림 6] 대퇴근

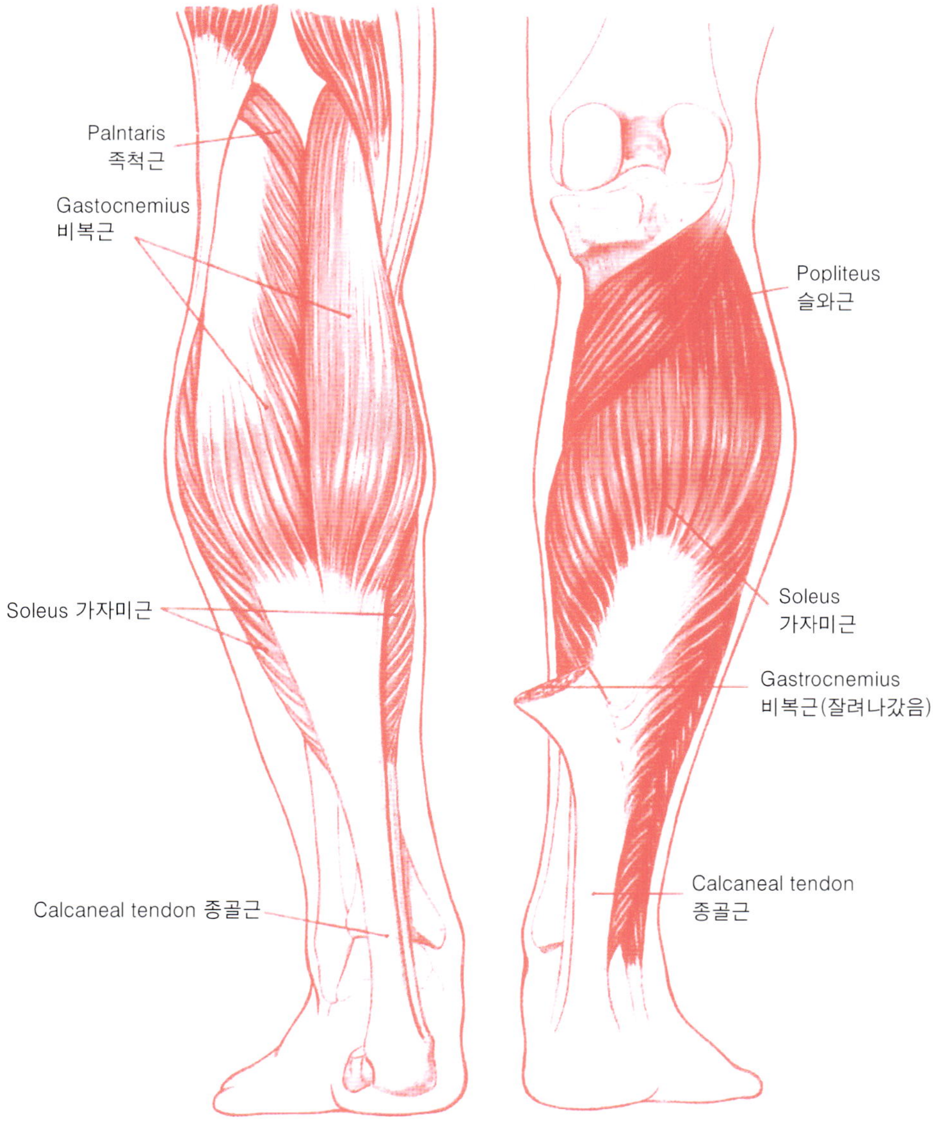

[그림 7] 발과 발가락을 움직이는 천근(뒷면)

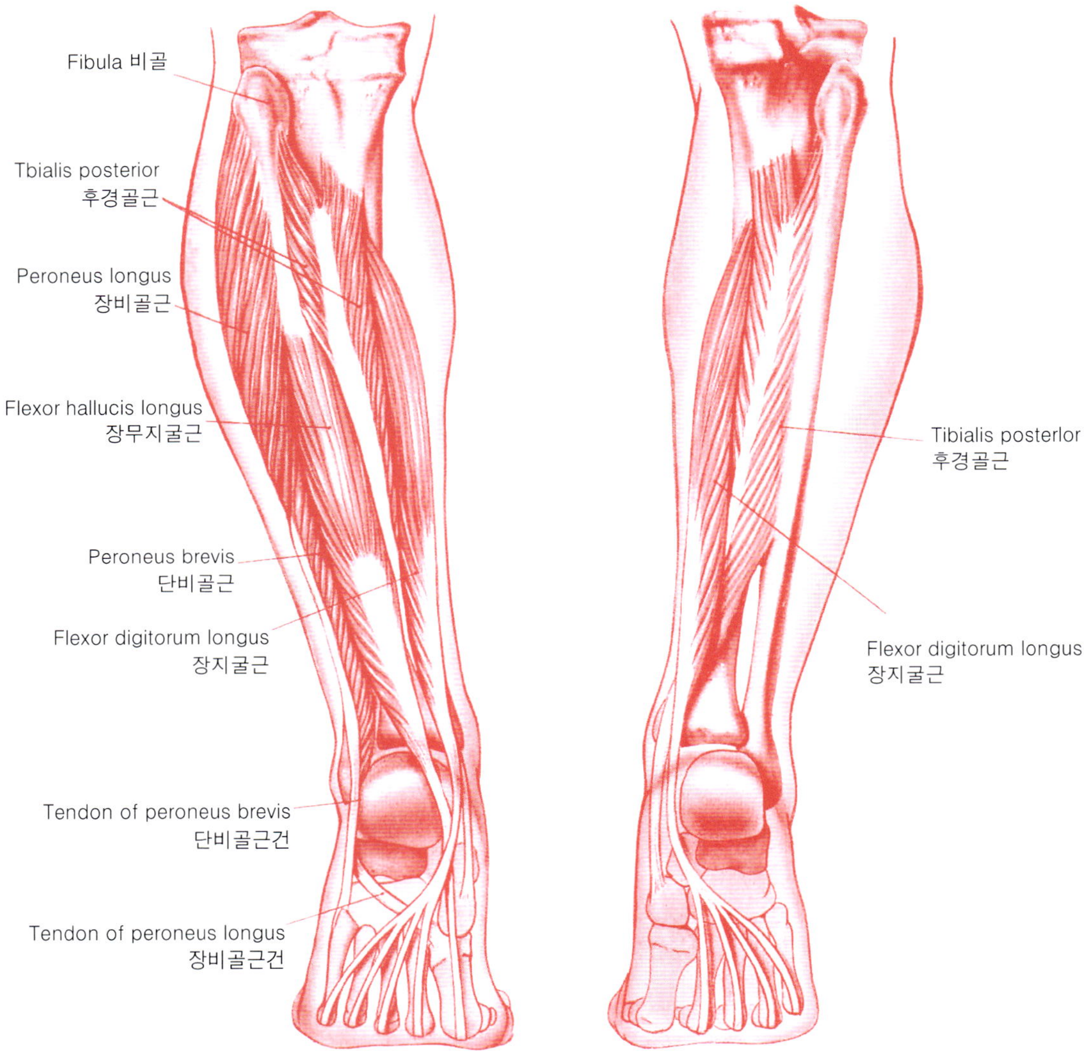

[그림 7-1] 발과 발가락을 움직이는 천근(뒷면)

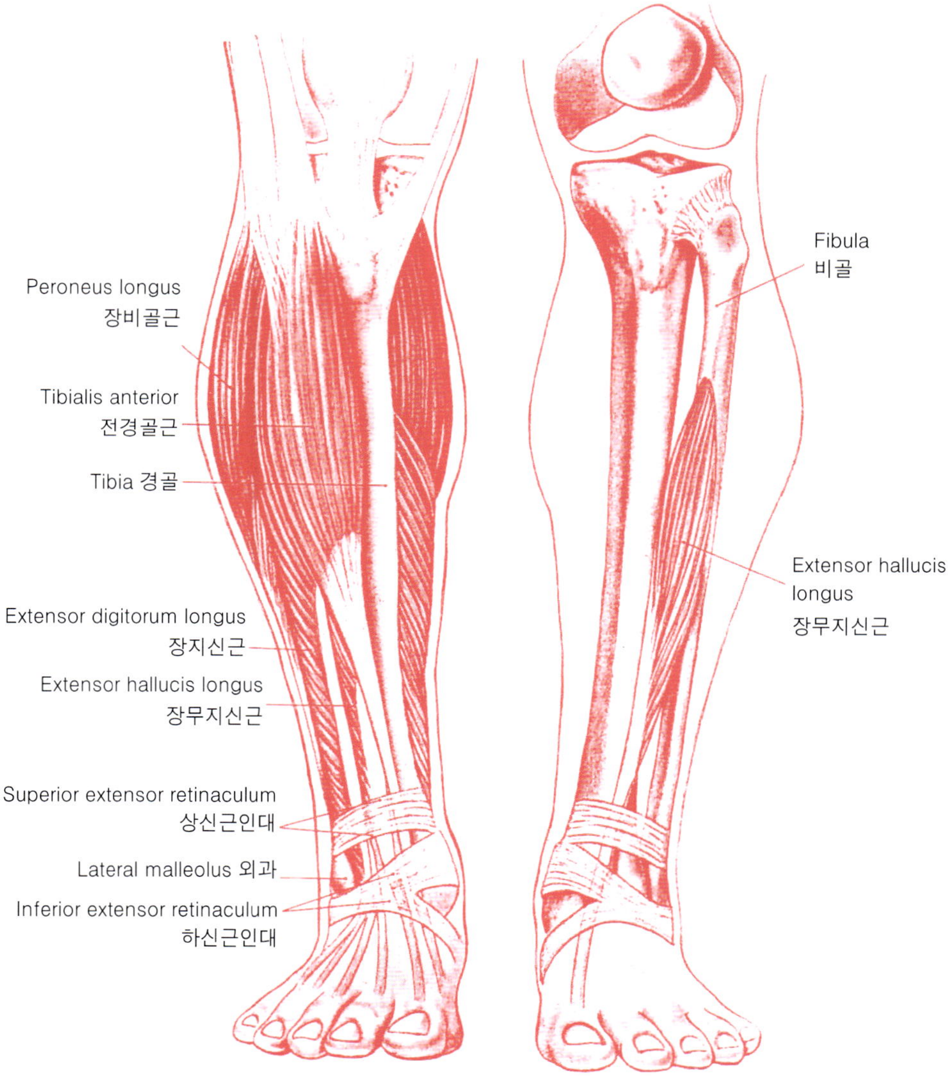

[그림 8] 발과 발가락을 움직이는 심근(안쪽)

<대퇴부의 근육 명칭 넣고 색칠하기>

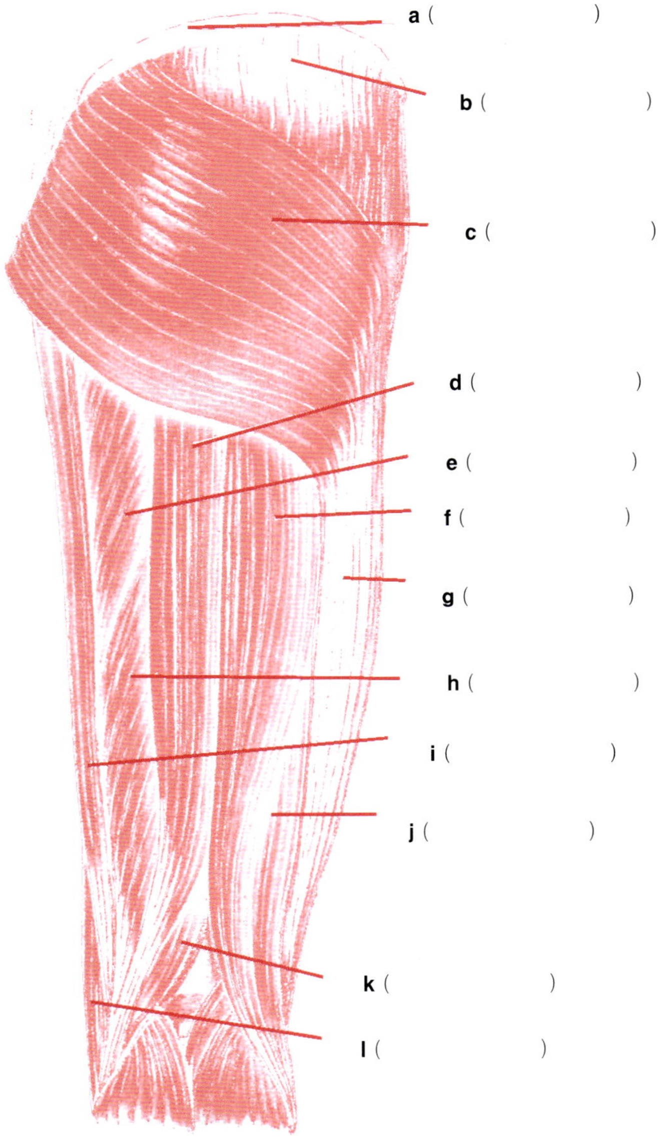

[그림 9] 대퇴부

<발과 발가락을 움직이는 천근(뒷면) 명칭 넣고 색칠하기>

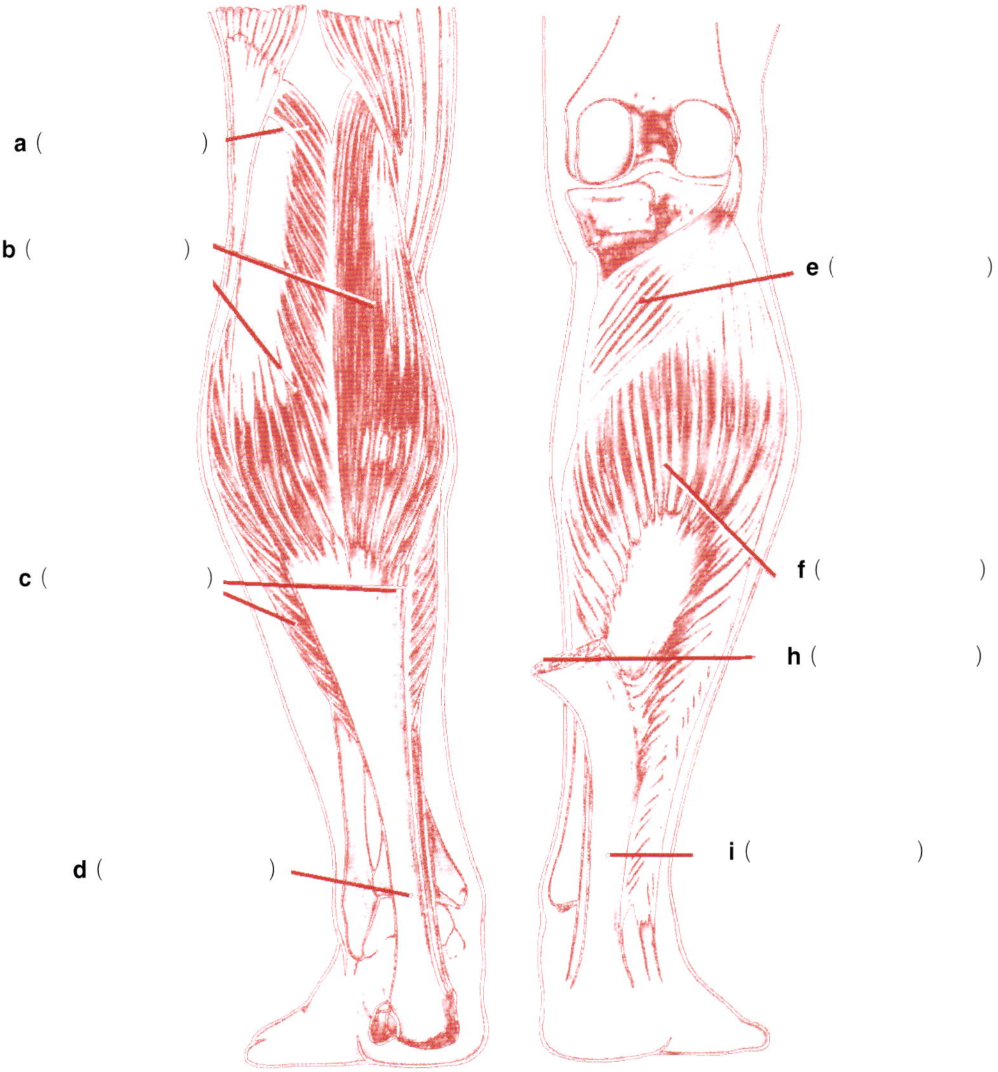

[그림 10] 천근

<발과 발가락을 움직이는 심근(앞면) 명칭 넣고 색칠하기>

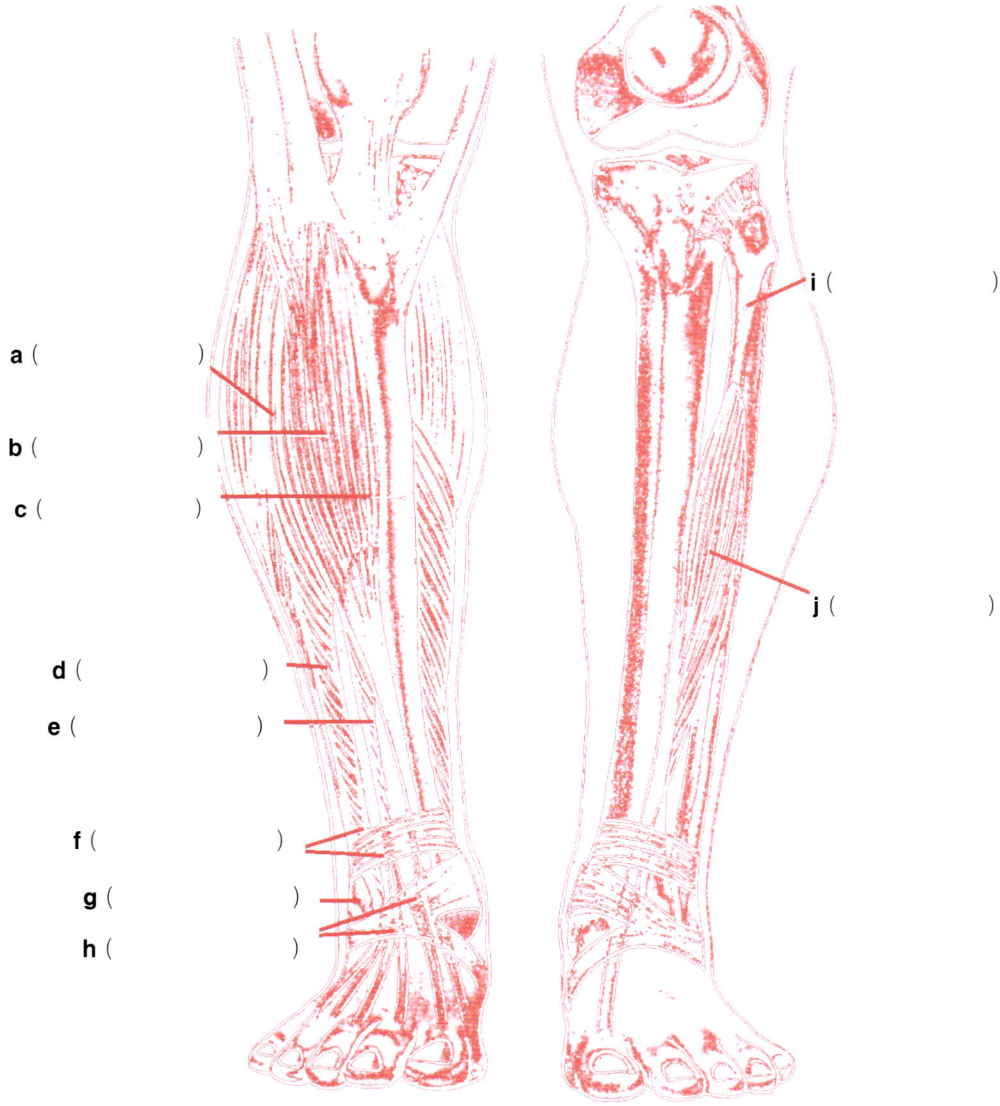

[그림 11] 심근

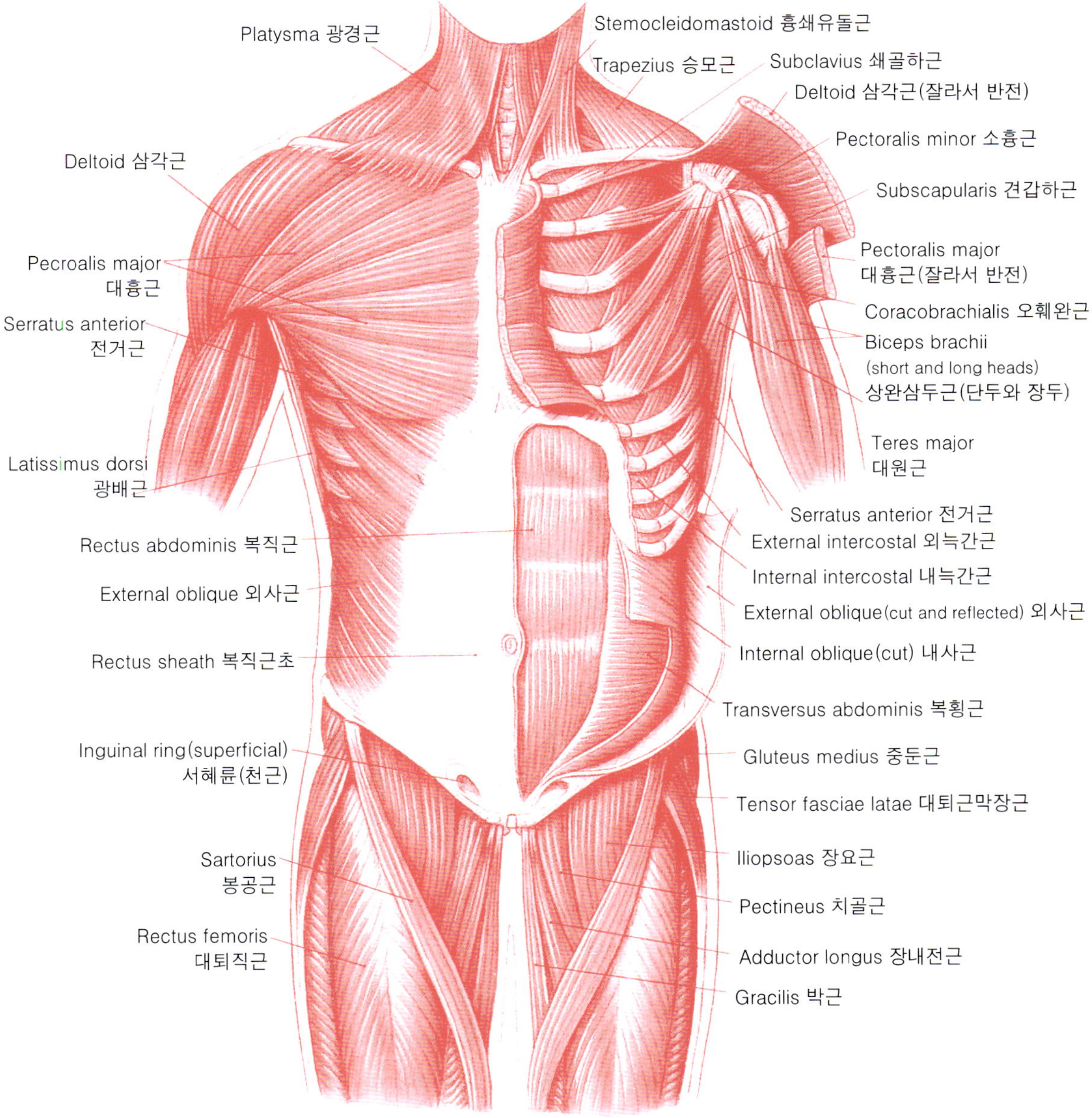

[그림 12] 가슴, 복부의 근육

<가슴, 복부 근육의 명칭 넣고 색칠하기>

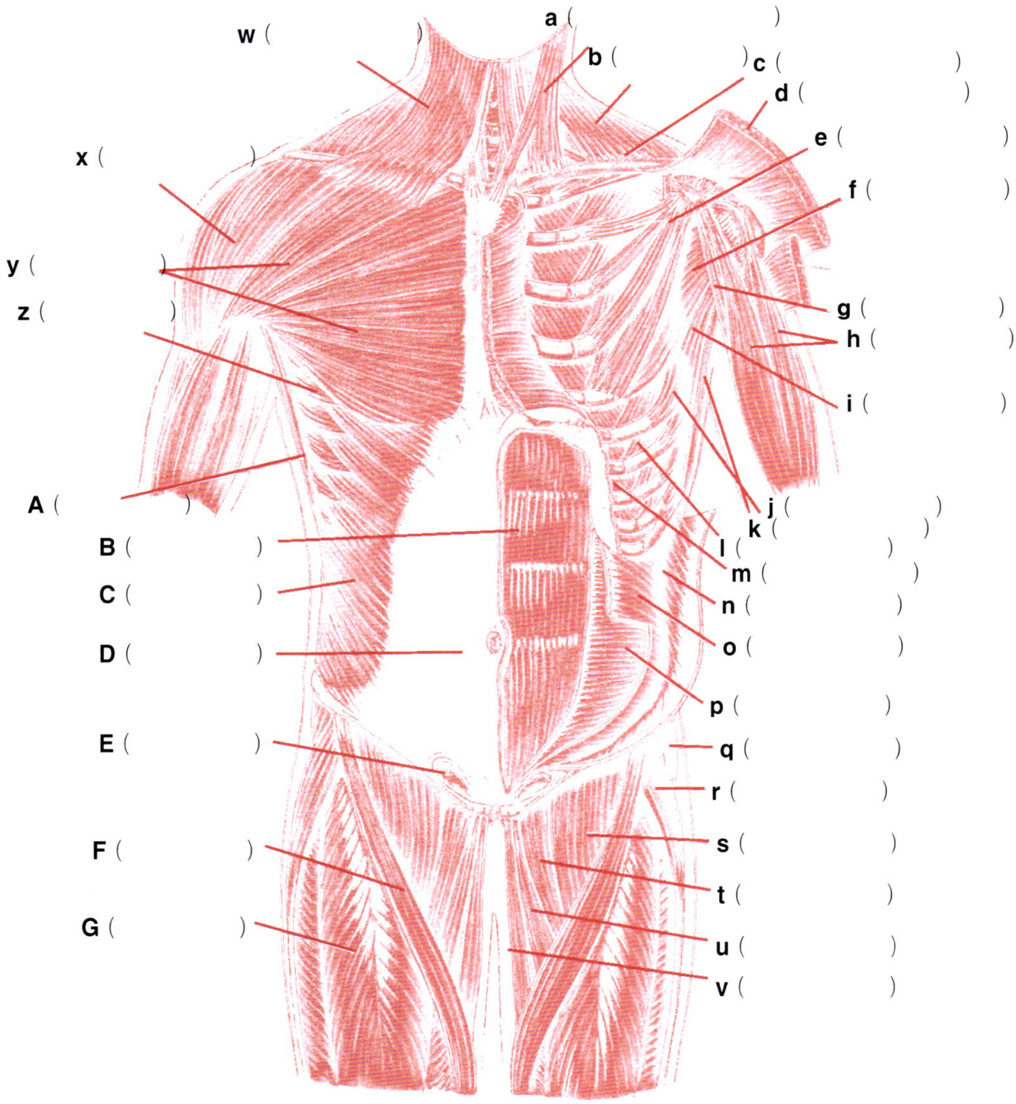

[그림 13] 가슴, 복부의 근육

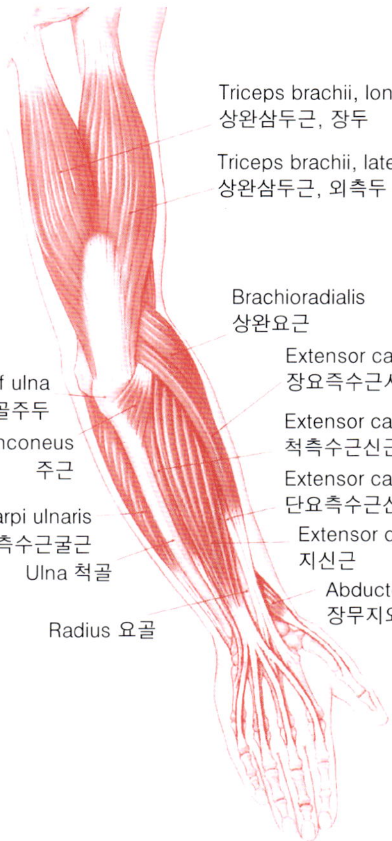
Triceps brachii, long head
상완삼두근, 장두
Triceps brachii, lateral head
상완삼두근, 외측두
Brachioradialis
상완요근
Extensor carpi radialis longus
장요측수근시근
Olecranon of ulna
철골주두
Anconeus
주근
Extensor carpi ulnaris
척측수근신근
Extensor carpi radialis brevis
단요측수근신근
Flexor carpi ulnaris
척측수근굴근
Extensor digitorum
지신근
Ulna 척골
Abductor pollicis longus
장무지외전근
Radius 요골
앞면

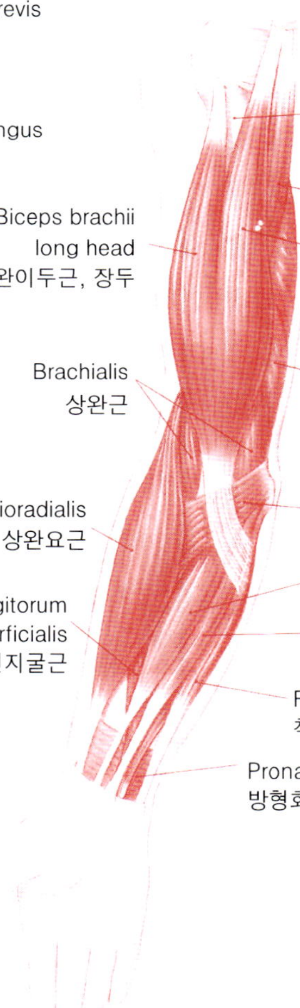
뒷면
Humerus
상완골
Coracobrachialis
오훼완근
Biceps brachii
long head
상완이두근, 장두
Biceps brachii,
shrot head
상완이두근, 단두
Brachialis
상완근
Triceps brachii,
medial head
상완삼두근, 내측두
Pronator teres
원회내근
Brachioradialis
상완요근
Flexor carpi radialis
요측수근굴근
Flexor digitorum
superficialis
천지굴근
Palmaris longus
장장근
Flexor carpi ulnaris
척측수근굴근
Pronator quadratus
방형회내근

[그림 14] 팔의 근육

<팔 근육의 명칭 넣고 색칠하기>

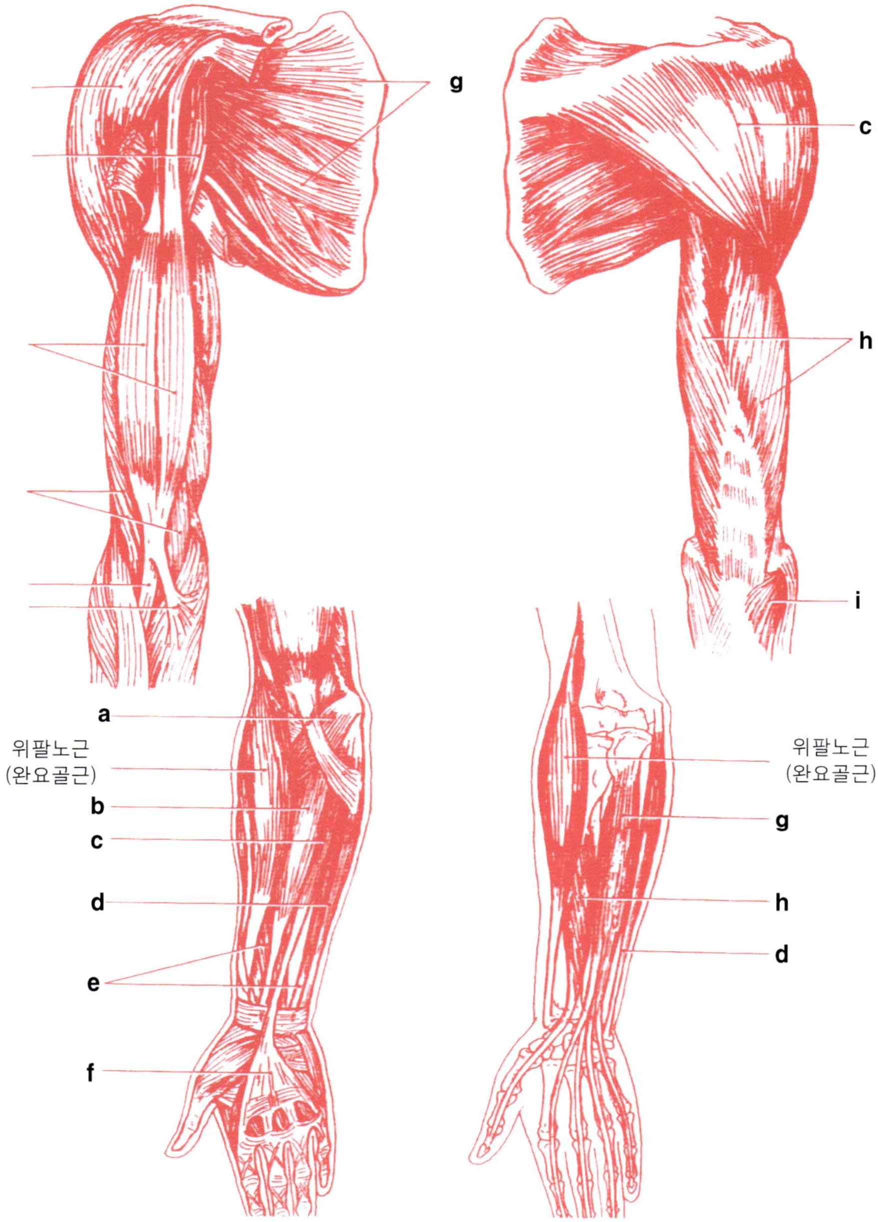

[그림 15] 팔 근육

CHAPTER

02 전신관리의 개요

1. 전신관리의 목적

안면을 제외한 신체의 모든 부위를 대상으로 하여 피부미용기기와 매뉴얼 테크닉을 적용시켜, 피부 상태의 보완 및 개선, 스트레스 완화, 체형관리, 부종관리, 신진대사 촉진, 근육의 이완, 심신의 안정, 혈액순환 증진 등의 목적이 있다.

피부미용에서의 전신관리의 목적은 건강과 미용적 부분을 수술이나 약물요법 없이 가꾸어주는데 그 목적이 있다. 건강한 육체는 노화 방지와 아름다운 몸과 정신을 유지시켜 준다고 할 수 있다. 여러 가지 다양한 방법을 이용하여 전신의 근육을 이완하고 조직의 정상화를 도와주어 피로회복 및 노화 예방을 목적으로 한다.

2. 전신관리의 효과

전신관리란 관리하고자 하는 부위에 적당한 압력(Pressure)과 신장(Stretching)을 효율적으로 적용함으로써 그 조직에 자극을 주어 관리 목적에 이르게 하는 것이다. 압력과 신장은 조직을 부드럽게 압착시켜주며 신경조직과 신경종말에 적절한 자극을 주기도 한다. 최근에는 신체(body)와 정신(spirit)과 마음(mind)을 조화롭게 하고 건강하고 아름다운 피부를 유지하려면 과거의 목적에서 발전되어 지쳐 있는 몸과 마음에 활력을 주고 이를 호전시키는 관리를 포함하는 더욱 폭넓은 의미의 아름다움을 추구하고 있다.

1) 혈액순환 증진

매뉴얼 테크닉을 통한 전신관리는 근육이나 피부의 혈행을 좋아지게 하여 심장의 부담을 가볍게 하고 전신의 혈액순환을 증진시켜준다. 혈액순환이 증진됨에 따라 노폐물 배출을 원활하게 도와주는 효과가 있다.

2) 항진작용

매뉴얼 테크닉을 통한 전신관리를 통해 기능이 저하된 신경이나 근육에 흥분작용을 유도하여 항진효과를 높여 기능회복을 도와주는 작용을 한다.

기능항진을 목적으로 행하는 매뉴얼 테크닉은 비교적 약하게 자극을 주는 것이 좋다.

3) 진정작용

비정상적으로 신경이나 근육의 기능이 항진되어 있을 때 매뉴얼 테크닉을 적용하여 그 기능을 저하시켜 진정시키는 작용을 말한다.

4) 반사작용

손상 부위나 피로한 부분과 상응하는 곳에 매뉴얼 테크닉을 적용하여 신경, 근육, 내장 등에 간접적으로 자극을 가하여 기능을 회복시키는 작용이다.

5) 유도작용

타박, 외상 등이 발생하여 그 부위가 붓거나 붉게 되면서 통증 등의 증상이 발생되었을 때 처음부터 그 환부에 직접 매뉴얼 테크닉을 적용하지 않고 심장 가까운 쪽에서부터 매뉴얼 테크닉을 적용하는 것이 그 부위의 증상을 가볍게 할 수 있는 방법이다.

6) 전신 조절작용

매뉴얼 테크닉에서 사용되는 각각의 수기법들은 이완 효과 및 자극을 주어 그 부위의 혈액순환을 증진시켜 주며, 자율신경이나 내분비선에도 좋은 영향을 주어 심신의 균형을 조절하는 효과를 가진다.

3. 매뉴얼 테크닉의 기본 동작

명칭	스웨디시 수기법의 종류
에플루라지 (Effleurage) or 스트로킹 (Stroking) [쓰다듬기]	• 가벼운 에플루라지 (Pressure of effleurage or light stroking) • 깊은 에플루라지 (Pressure of effleurage or Deep stroking) • 무지 에플루라지 (Pressure of effleurage 0r Thump stroking)
프릭션(Friction) [문지르기]	• 표면 마찰 (Superficial friction) • 깊은 마찰 (Deep friction) • 회전 마찰 (Cicular frction)
페트리사지 (Petrissage) [주무르기]	• 주무르기 (Kneading) • 근육 짜기(Squeezing) • 비틀기 (Wringing stroke) • 들어 올리기 (Lifting) • 말아쥐기(Rolling) • 좌우로 흔들기(Twisting)
타포먼트 (Tapotment) or 퍼커션 (Percussion) [두드리기]	• 양손 잡아 뽑기(Plucking) • 주먹치기 (Pummeling, Beating) or Pounding • 소지 두드림 (Hacking, Chopping) • 오목손 치기(Cupping, Clapping) • 엄지 튕기기(Flicking)
바이브레이션 (Vibration) [흔들기]	• 위아래 흔들기(Shaking) • 손 전체 바이브레이션(Whole Hand V) • 가락 바이브레이션(Digital V) • 활발한 바이브레이션(Vigorous V)

1) 에플루라지(Effleurage) or 스트로킹 (Stroking) – 경찰법

모든 매뉴얼 테크닉 과정의 시작부에 쓰이며 가장 자연스럽고 부드러운 동작이다. 에플루라지는 강한 자극과 부드러운 자극을 두루 갖추고 있다. 스트로킹은 에플루라지와 비슷하나 세 가지 다른 점이 있다.

에플루라지는 쓰다듬으며 다시 제자리로 돌아온다. 그러나 스트로킹은 한 손 또는 두 손으로 어떠한 방향, 손의 교대가 가능하고, 적용 압력과 속도에 따라 촉진(stimulating)되거나 진정(soothing)된다.

	에플루라지 (Effleurage)	스트로킹 (Stroking)
다른 점	항상 정맥혈이 심장으로 돌아가는 방향 및 림프의 방향과 일치	어느 방향이든 적용 가능
	돌아오는 동작에서도 신체의 접촉이 유지	신체와 떨어져도 상관없다.
	림프절을 향해 진행하면서 조금씩 압력이 증가됨	압력이 일정하게 반복된다.

2) 프릭션(Friction) – 마찰하기 – 강찰법

이 동작들은 엄지손가락 또는 네개의 손가락 면을 이용하여 매우 깊숙이, 그리고 부분적으로도 시행된다. 회전 동작으로 이루어지거나 근육섬유를 가로지르는 방향으로도 이루어진다. 니딩(Kneading)과 다르게 회전 동작의 한 부분으로서 위 방향으로의 압력을 포함한다.

근육군과 근육 표면을 적절한 강약의 강도를 고려하여 손바닥, 엄지, 손가락 끝으로 근육 결을 따라 누르면서 매뉴얼 테크닉한다. 마찰을 통하여 조직에 열을 발산시키는 것이 목적이다.

3) 페트리사지(Petrissage) – 주무르기– 유찰법

근육과 피부조직을 압착하고 주무르는 방법을 말한다. 이 방법의 목적은 혈관을 확장하고 결체 조직의 붓기를 해소하여 근육통을 완화한다. 조직을 들어올려 순환촉진, 통증 감소, 림프순환, 지방 유화, 유착의 신전과 이완 효과가 있다.

4) 타포먼트(Tapotment) or 퍼커션(Percusion)– 두드리기– 경타법

두드리기 기법으로 파도와 같은 파장으로 피부조직 내 기관이나 조직에 그 파장을 전달한다. 폐 같은 큰 기관, 큰 근육에 적용하면 혈관을 확장하고 피부에 혈액 공급을 촉진시키고 자극한다. 경기 전 운동선수에게 적용 가능. 엉덩이 근육, 허벅지 근육에 적용 가능하다.

5) 바이브레이션(Vibration) – 흔들기– 진동법

근육을 진동을 주어 흔들어 주는 방법이다. 이 기법은 주로 강한 자극 후에 고객에게 안정감을 주기 위해 실시하며, 보통은 한 손으로 진행되는데, 넓은 부위에서는 양손을 함께 사용하기도 한다. 손을 위아래로 흔들며 이동하거나 한쪽에서 다른 방향으로 이동하며 진동을 준다. 매뉴얼 테크닉 후에 안정감을 준다.

4. 전신관리의 제품

1) 클렌저(cleanser)

① 클렌저의 종류 : 폼 클렌징, 클렌징 오일

② 클렌저의 목적 : 피부 표면에 과다하게 쌓인 각질 및 노폐물 등을 제거하고, 다음 관리 단계의 효과를 높이기 위함이다.

③ 사용 방법 : 클렌저를 적당하게 덜어 도포하여 물을 적당히 사용하여 가볍게 마찰하여 제거한다.

2) 딥 클렌저(deep cleanser)

① 종류 : 보디 스크러브, 브러시, 천연염 스크럽(천연염과 에센셜오일 혼합)
② 목적 : 피부 표면에 과다하게 쌓인 각질 및 노폐물 등을 제거하고, 다음 단계의 효과를 높여주기 위함이다.
③ 사용 방법 : 제품을 물에 적셔가며 가볍게 문지르고, 브러시는 제품을 도포한 후, 브러시 끝에 물을 묻혀가며 브러시 기기를 이용하여 노폐물과 쌓인 각질을 제거한다.

3) 보디 토너(body toner)

① 목적 : 클렌징 후의 청량감 유지 및 pH 균형(pH balance) 유지를 위함이다.
② 사용 방법 : 클렌징 후 화장솜에 적셔 가볍게 닦아낸다.
보습 및 피부관리 마무리 단계에서는 가볍게 두드리며 흡수시킨다.

4) 마사지 오일(massage oil)

① 종류 : 식물성 오일, 아로마 블렌딩 오일(캐리어 오일 + 에센셜 오일)
② 사용 방법 : 전신에 적당량을 도포하여 부드럽게 매뉴얼 테크닉을 적용한다.

5) 마스크(mask)

① 크림 타입 마스크 : 피부 유형과 사용 목적에 따라 다양한 유효 성분을 가지고 있으며, 사용이 간편한 제품으로 바른 후 일정 시간 경과 후 물로 닦아내는 타입이다.
② 분말 타입 마스크 : 분말 형태로 되어 있는 마스크제로 증류수나 용액에 섞어 사용한다.
③ 콜라겐 마스크(collagen velvet, collagen sheet) : 콜라겐을 주성분으로 한 시트 타입 마스크로 수분을 집중 공급하여 주는 효과가 있다. 모든 피부에 사용이 가능하고, 건조한 피부에 효과적이나 가격이 비싸 전신에 사용을 잘 하지 않는다.
④ 파라핀 마스크(paraffin mask) : 대표적인 warm mask로 수분보유 효과가 뛰어나 얼굴, 손, 발 관리에 주로 사용하며, 등이나 복부, 엉덩이에도 사용하면 효과적이다.

⑤ 알개 마스크(algae mask, seaweed mask) : 해초에서 추출한 알긴산을 주성분으로 하여 전신에 엠플이나 보디 토너를 바른 후에 해조 마스크 분말을 증류수에 혼합하여 걸쭉한 상태로 만들어 전신용의 스패튤라 또는 브러시를 이용하여 도포한다.

⑥ 석고 마스크 : 석고 분말을 따뜻한 물에 개어서 피부에 도포한다. 석고 마스크는 피부표면의 온도를 높이는 작용으로 피부관리의 유효 성분을 피부 안으로 침투시키는 효과를 가지고 있다.

5. 전신관리를 위한 환경

① 피부관리용 침대와 타월, 담요 등을 준비한다.

② 긴장감을 이완시키고, 안정감을 주는 분위기로 편안하게 조성한다.

③ 조용한 음악을 틀고, 아로마 향을 이용하여 실내 분위기를 편안하게 한다.

④ 관리 시작 전, 고객에게 관리 과정에 대한 설명을 해준다.

⑤ 매뉴얼 테크닉을 적용할 부위를 보디 클렌징하고 온습포로 닦아준다.

⑥ 매뉴얼 테크닉을 적용하지 않는 다른 부위는 마른 타월로 덮어 체온을 유지한다.

⑦ 중간중간 부위를 바꿀 때 알맞은 타월 매니징 방법으로 고객에게 수치심을 유발하지 않도록 배려한다.

CHAPTER

03 등 관리

1. 등 관리의 필요성

등 부위는 인체에서 가장 넓은 부위이며, 신경계통이 등 뒤로부터 인체의 모든 영역으로 퍼져 나가기 때문에 매우 중요한 부위라 할 수 있다.

우리 몸의 기둥과 같은 역할을 하는 척추가 있어 등근육 및 척추 연결 근육을 매뉴얼 테크닉을 적용해 주는 것만으로도 스트레스 해소와 피로회복, 신체 이완 효과를 느낄 수 있다.

2. 등 관리의 목적 및 효과

① 뭉친 근육과 피부조직을 이완시킨다.
② 혈액순환을 증진시켜 스트레스 완화와 피로회복을 돕는다.

3. 유의 사항

뼈 부위의 직접적인 강한 압력을 가하지 않도록 한다.

4. 등의 매뉴얼 테크닉

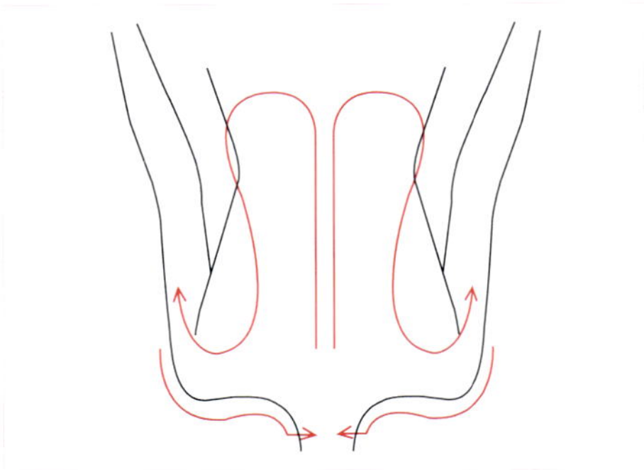

1 등 쓰다듬기

양손바닥을 이용해 등상부에서 시작해 경추까지 체중을 실어 쓰다듬는다.

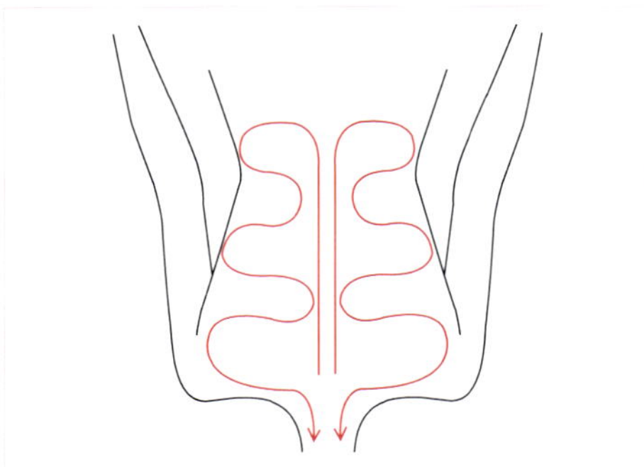

2 등 웨이브 동작

양손바닥으로 척추라인 쓰다듬어 내려가 허리, 흉위, 견갑골, 경추까지 쓸어올린다.

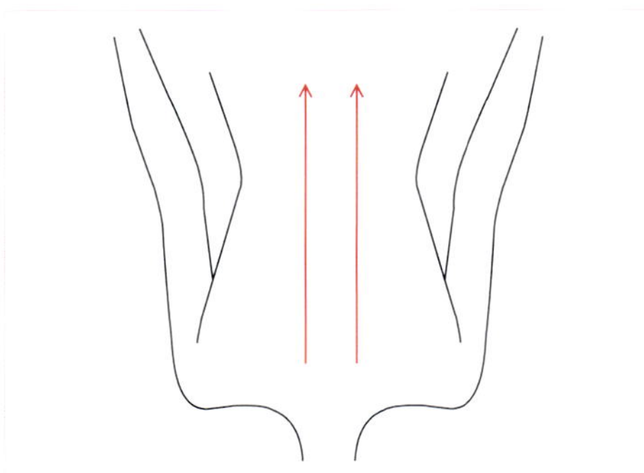

3 엄지로 척추 따라 쓸어주기

양엄지로 척추 옆 기립근을 쓸어준다.

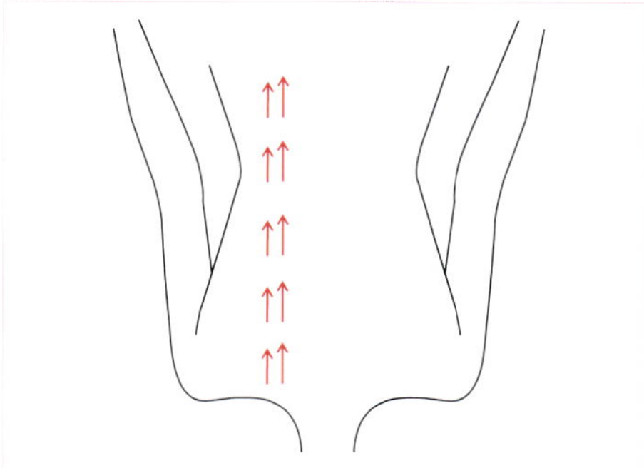

4 양 엄지로 번갈아 척추 한쪽씩 쓸어주기

i) 왼쪽

ii) 오른쪽

양 엄지로 번갈아 가면서 기립근을 쓸어 내려준다.

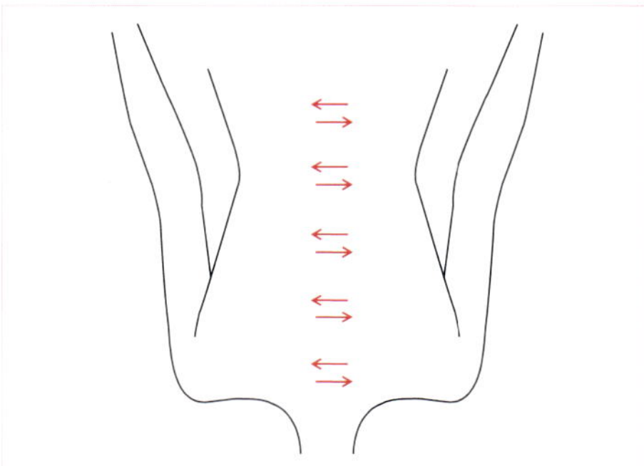

5 척추뼈 사이 엄지로 쓸어주기

척추뼈 사이를 양 엄지로 교대로 쓸어준다.

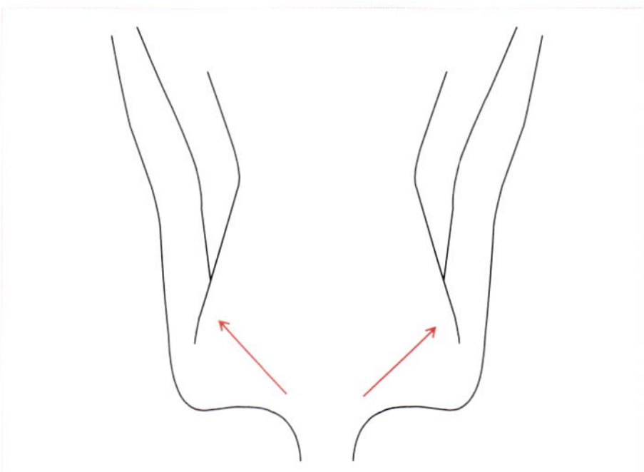

6 손바닥으로 액와 쓸어주기

체중을 실어 견갑골에서 액와 부위로 쓸어 내려준다.

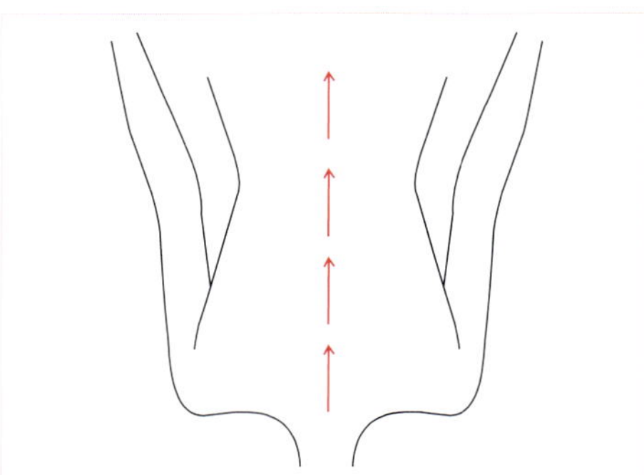

7 손바닥으로 번갈아 척추 부드럽게 쓸어주기

양손바닥으로 번갈아 가면서 척추를 부드럽게 쓸어 내린다.

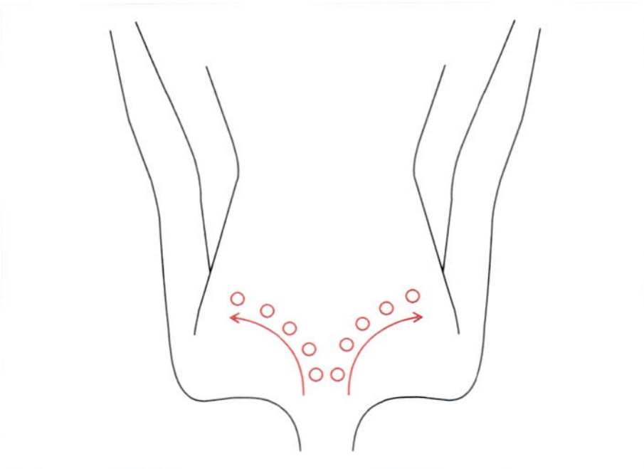

8 견갑골 엄지로 쓸어주고 눌러주기

견갑골 라인을 양엄지로 좌,우 동시에 쓸어주고 눌러주고 쓸어준다.

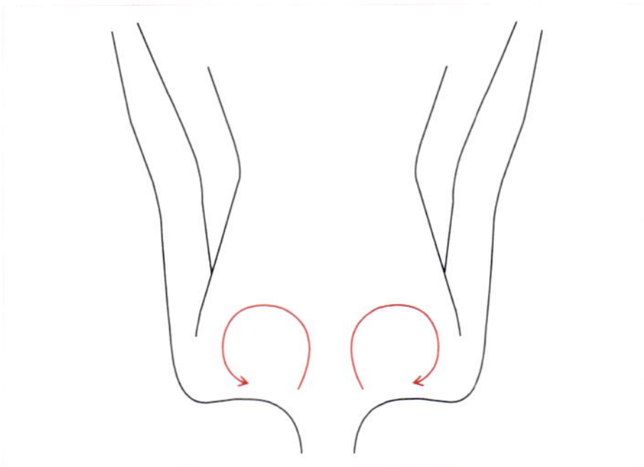

9 견갑골 손바닥으로 쓸어주기

견갑골을 손바닥으로 압력을 주어 쓸어 올린다.

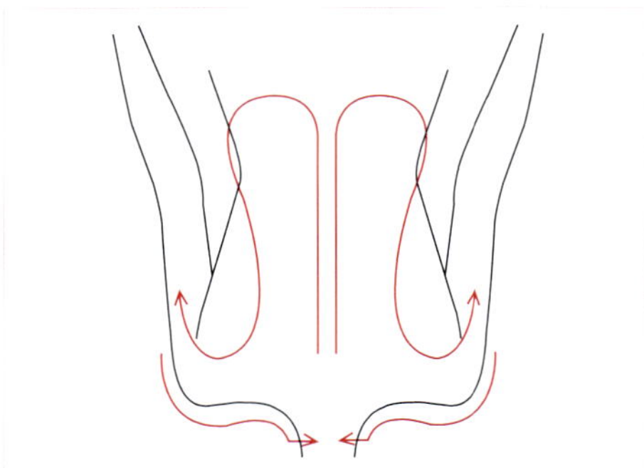

10 등 전체 쓸어주기

1번동작과 동일.

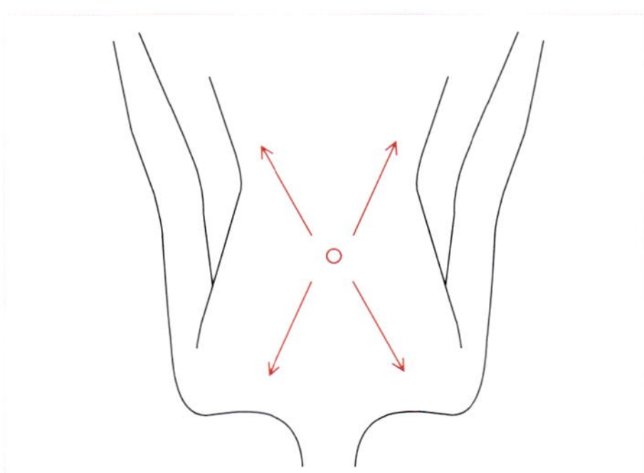

11 양손 교차 스트레칭

고객의 옆으로 자리를 옮겨 중앙에서 교차로 한손은 골반부위로 한손은 어깨부위 쪽으로 스트레칭 해준다. 이때 체중을 싣는다.

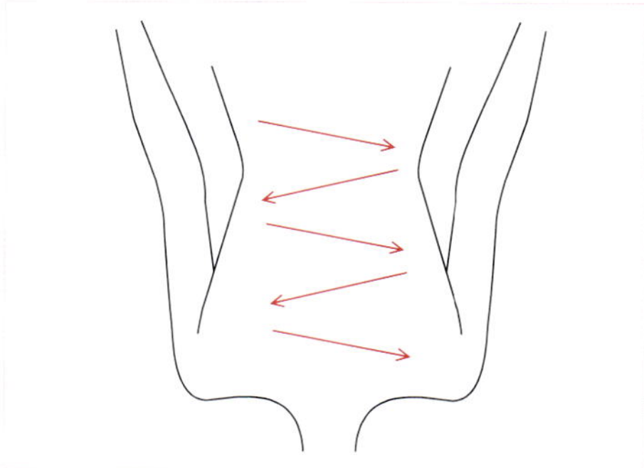

⑫ 전완으로 지그재그로 문지르기

한쪽의 전완을 이용하여 허리부터 어깨 상부까지 문지른다.

전완부위를 모두 접촉하여 실시한다.

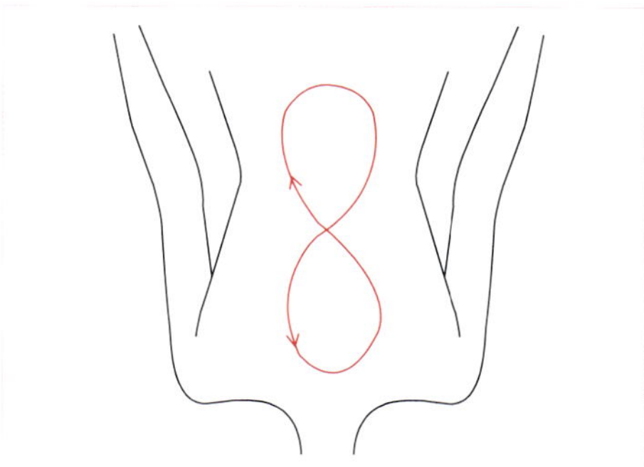

⑬ 전완으로 등 전체 8자 그리기

등의 중앙 부위부터 시작해 한쪽 전완을 모두 등에 접촉시켜 8자를 그린다.

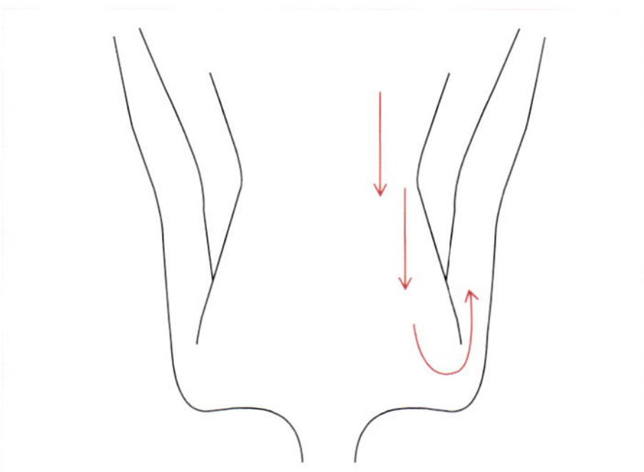

⑭ 양손바닥으로 번갈아 측면 쓸어올려서 어깨로 빼주기

등 아래부터 어깨 부위까지 쓸어 올려 액와쪽으로 빼준다.

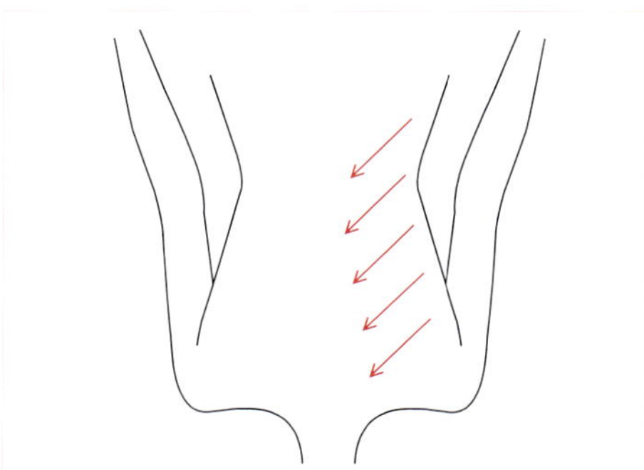

⑮ 양손바닥으로 번갈아 측면 쓸어올리기

등을 측면를 따라 쓸어 올린다.

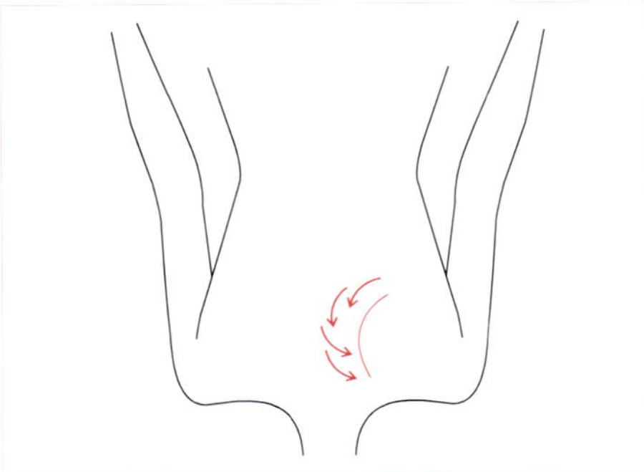

16 엄지로 한쪽 견갑골 쓸어주기

양엄지를 이용하여 한쪽 견갑골을 압력을 주어 쓸어준다.

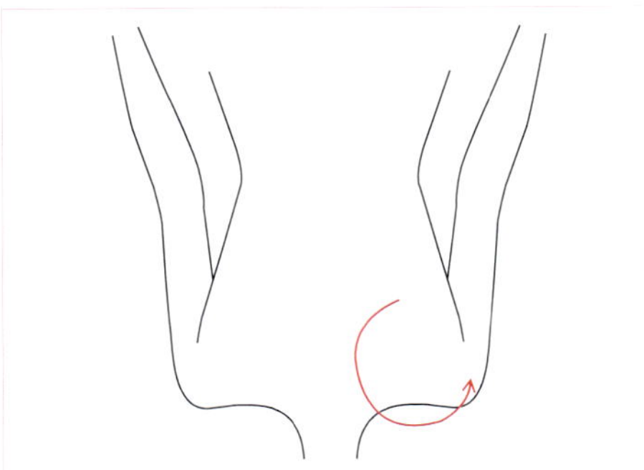

17 두 손 겹쳐서 견갑골 쓸어주면서 승모근 부위로 빼기

두 손바닥을 겹쳐서 견갑골에서 승모근까지 빼준다.

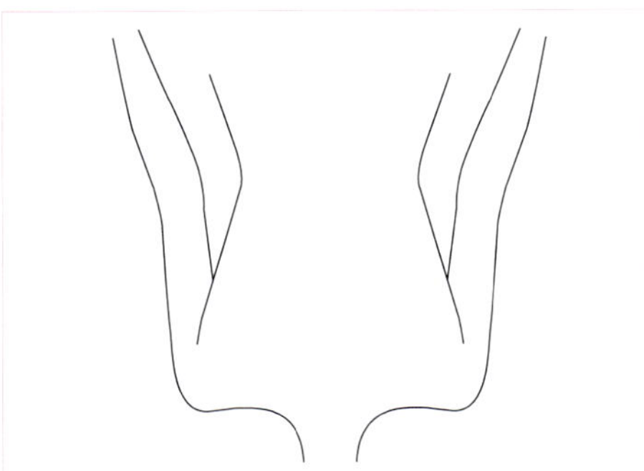

18 자리 옮겨 14~17번 반복하기

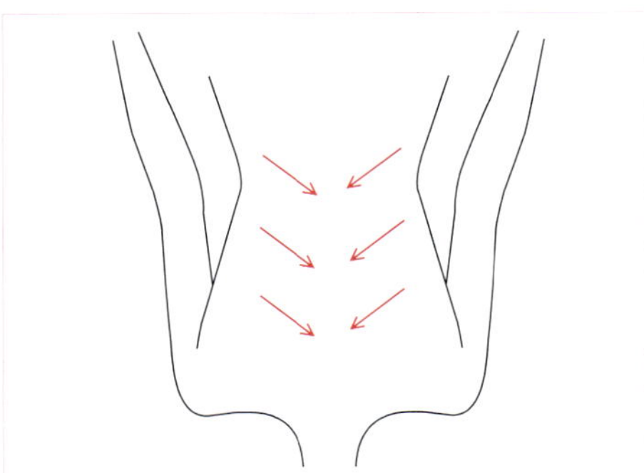

19 엇갈려 측면 끌어올리기

양손바닥을 이용하여 한 손씩 오른쪽 왼쪽 끌어 올려 준다.

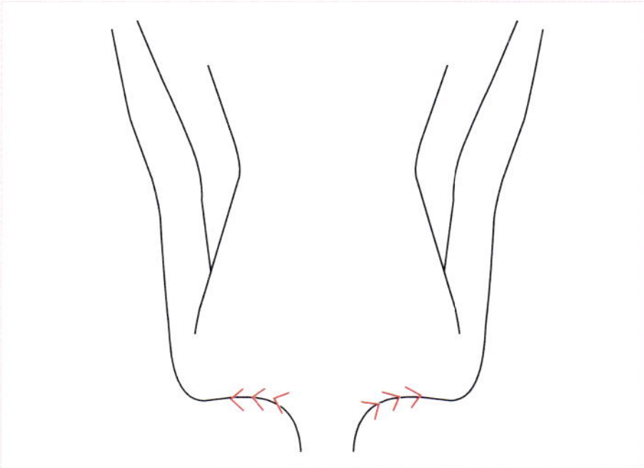

20 승모근 주무르기

엄지와 검지를 이용하여 승모근을 주무르듯 풀어 준다.

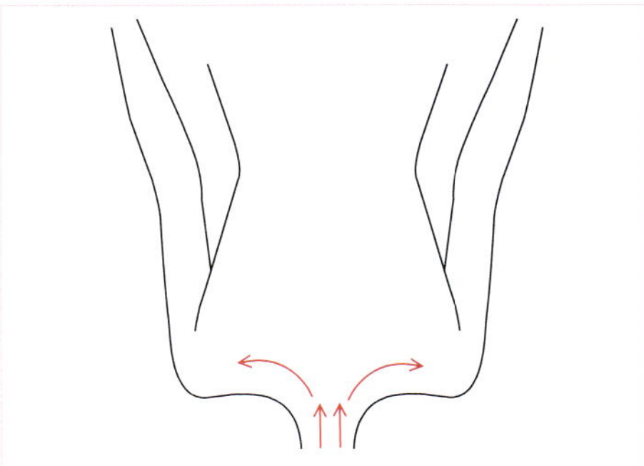

21 주먹으로 경추와 승모근 쓸어주기

주먹을 쥐고 경추와 승모근을 쓸어준다.

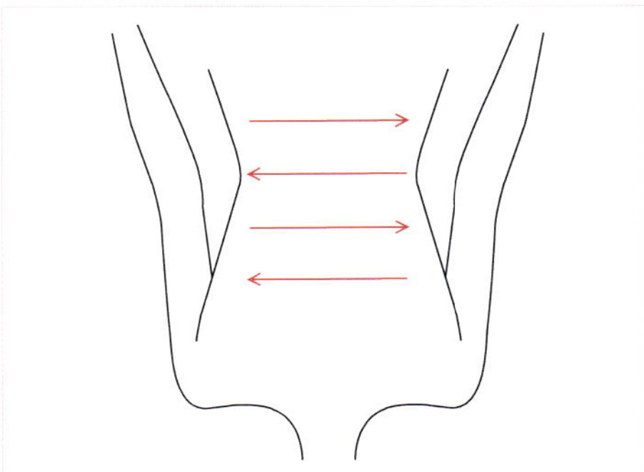

22 양손으로 등 전체 비틀기

양손으로 등 전체를 짜주듯 비틀어 준다.

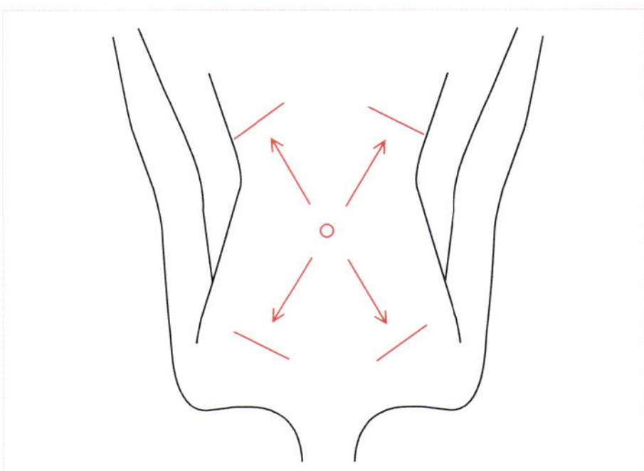

23 전완으로 등을 대각선 방향으로 스트레칭 하기

양 전완을 밀착하여 대각선으로 스트레칭 해준다.

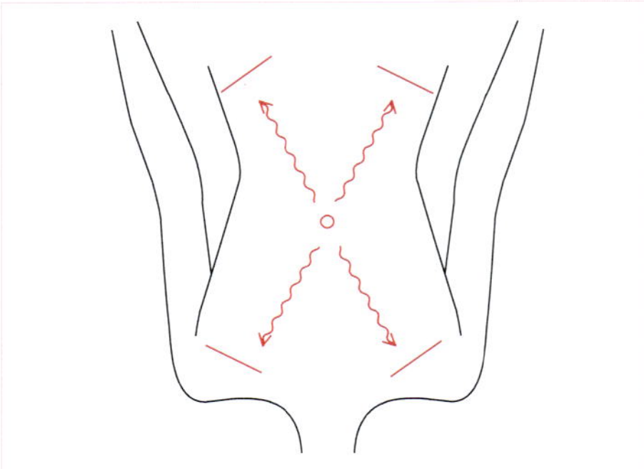

24 전완으로 등을 대각선으로 진동하기

양 전완으로 가볍게 대각선으로 진동해준다.

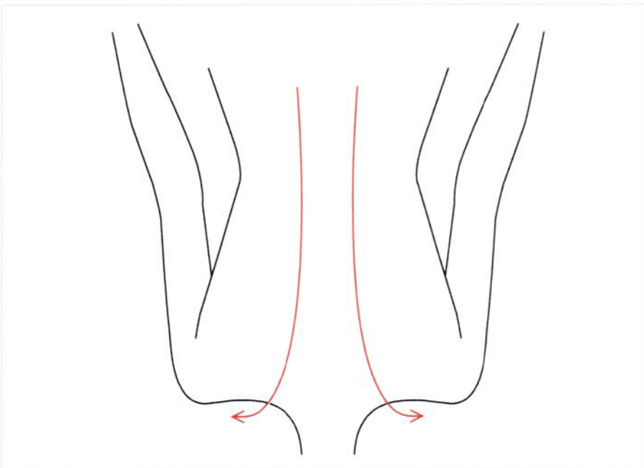

25 등 전체 부드럽게 쓰다듬기(마무리)

양손바닥으로 부드럽게 쓰다듬어 마무리한다.

5. 습포 정리

① 온습포를 등에 올려놓고 척추를 따라 눌러 준다.
② 대각선 방향으로 스트레칭해서 눌러 준다.
③ 승모근, 후경부 부위를 눌러 준다.
④ 기립근을 엄지로 눌러 준다.
⑤ 등 전체를 깨끗하게 닦아 준다.

CHAPTER

04 다리 관리

1. 다리 관리의 필요성

서서 일하는 작업이 많거나 운동이 부족한 현대 생활에서 다리의 매뉴얼 테크닉은 긴장을 풀어주는 데 큰 효과가 있다. 다리와 발의 매뉴얼 테크닉은 그 효과를 금방 느낄 수 있으며 특히 발바닥에는 수천 개의 신경종말이 존재하기 때문에 전체 신체 부위의 긴장을 풀어줄 수 있다.

2. 목적 및 효과

다리의 매뉴얼 테크닉은 혈액순환을 자극하여 다리 부위에 혈액과 영양을 공급해 주고 정맥류를 예방해 주는 효과가 있다. 또한, 힘든 일을 하거나 운동 후 뭉친 근육과 긴장을 풀어 주는 효과가 있다. 무릎 뒤쪽과 서혜부에 위치한 림프절 부위를 향해 부드럽게 매뉴얼 테크닉을 하게 되면 부종 증상에 좋은 효과를 줄 수 있다. 또한, 다리와 발 관리를 하게 되면 등 부위의 통증도 완화될 수 있다. 특히 무릎이나 정강이 부위 뼈 부위에 매뉴얼 테크닉을 적용 할 때는 약한 압력을 주어 시행하여야 한다. 정맥류가 있는 경우에는 주무르기나 두드리기와 같은 동작을 하거나 정맥 부위를 직접 누르거나 압력을 주는 동작은 하지 않는 것이 바람직하다.

매뉴얼 테크닉을 작용 할 때 너무 많은 양의 오일을 도포하게 되면 미끄러워 정확한 동작을 할 수 없으므로 적당한 양을 사용하는 것이 바람직하다. 고객이 간지럼을 많이 타는 경우에는 강한 압력을 주어서 시행하도록 한다.

3. 발과 다리의 해부학

발은 28개의 분리된 뼈와 근육으로 구성되어 있으며 이 뼈들은 몸무게를 지탱해주고 걸을 때 지렛대 역할을 해 주는 발의 아치(arch)를 형성해 준다. 발바닥은 매우 작은 힘줄과 근육으로 구성된 두꺼운 피부 조직으로 구성되어 있기 때문에 이 부분에 매뉴얼 테크닉을 적용 할 때에는 강한 압력을 주는 것이 좋다.

다리는 몸무게를 지탱하고 몸 전체를 움직이는 역할을 하기 때문에 크고 넓은 근육과 튼튼한 뼈로 구성되어 있다. 무릎 관절 부위에는 작은 원형의 슬개골(patella)이 존재하여 몸무게를 안정되게 지탱해 준다.

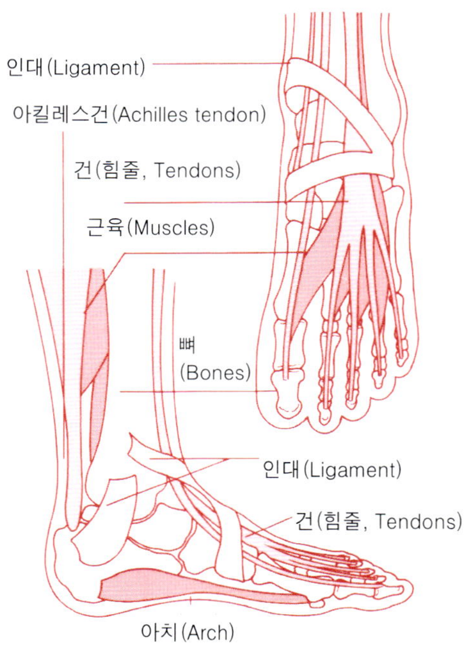

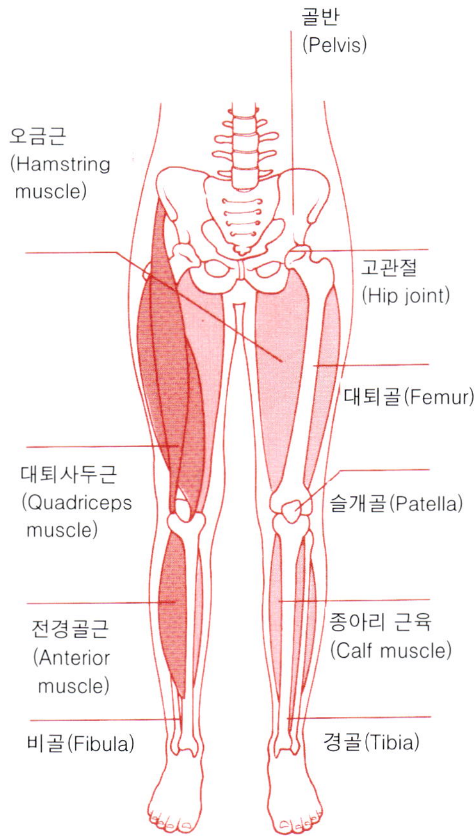

관리절차

클렌징-각질제거-매뉴얼 테크닉- 마스크

4. 다리 뒤쪽의 매뉴얼 테크닉

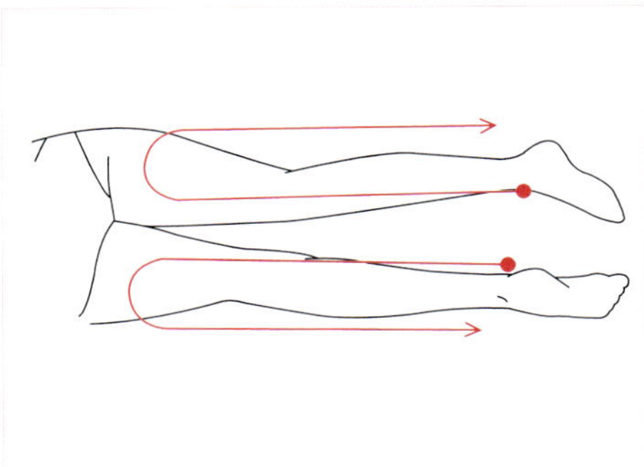

1 전체 쓰다듬기

양 손바닥으로 다리 전체를 발목에서 체중을 실어 동시에 쓸어 올라가 내려온다. 한쪽 다리는 타월로 덮어 둔다.

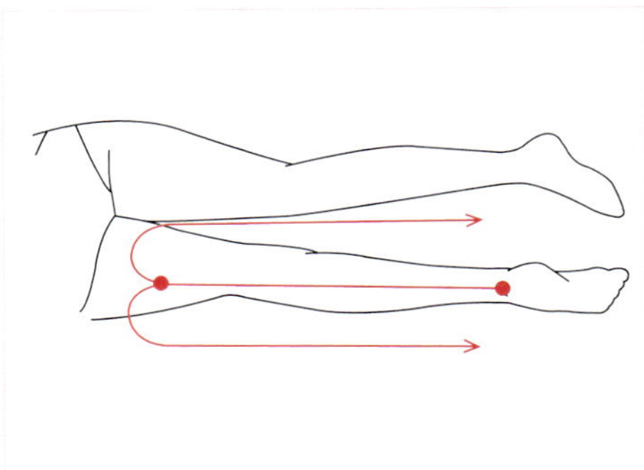

2 한쪽 다리 쓰다듬기

양손바닥을 나란히 하여 한쪽 다리를 발목에서 대퇴부위까지 올라갔다가 내려온다.

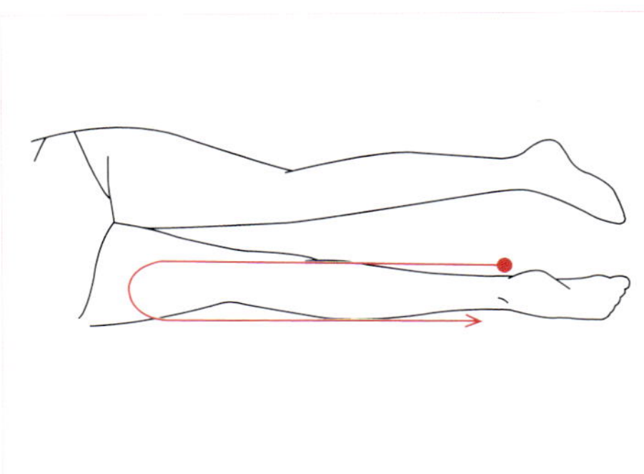

3 안에서 밖으로 쓰다듬기

한 손으로 발목을 고정하고 다른 손으로 안에서 밖으로 쓰다듬어 내려온다.

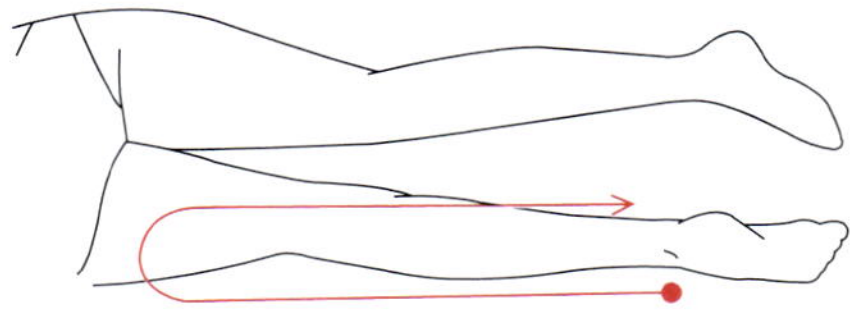

4 밖에서 안으로 쓰다듬기

한 손으로 발목을 고정하고 다른 손으로 밖에서 안으로 쓰다듬어 내려온다.

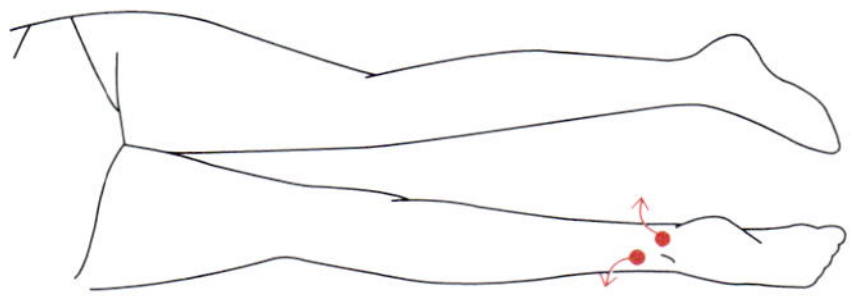

5 엄지로 마찰하기

두 손의 엄지를 이용하여 발목에서 반원을 그리면서 마찰하여 올라가다가 쓰다듬어 내려온다.

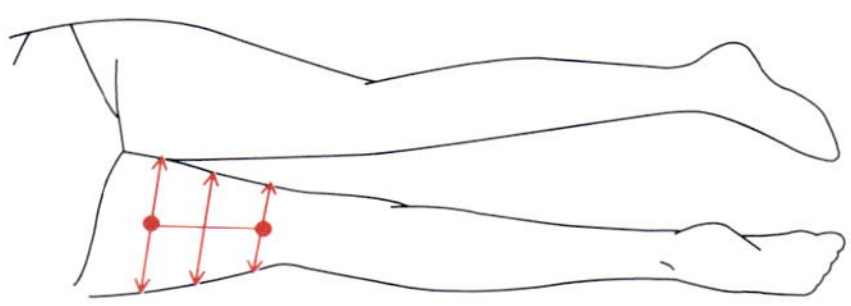

6 대퇴부위 엄지로 쓸어주기

대퇴부위 중앙 부위를 양 엄지로 올라갔다가 좌우로 내려준다. 대퇴부위를 세 부위로 나누어 이 동작을 실시한다.

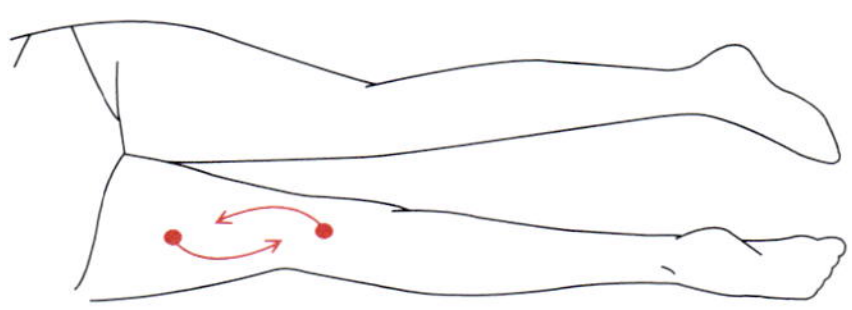

7 대퇴부위 반죽하기

엄지와 네 손가락을 이용하여 대퇴부위 내측과 외측 부위를 반죽한다.

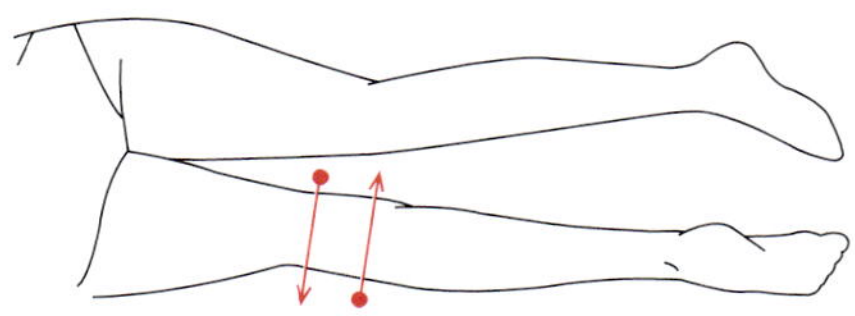

8 대퇴부위 비틀기

양손바닥을 이용하여 대퇴부위를 중앙으로 모아 주듯이 비틀어 준다.

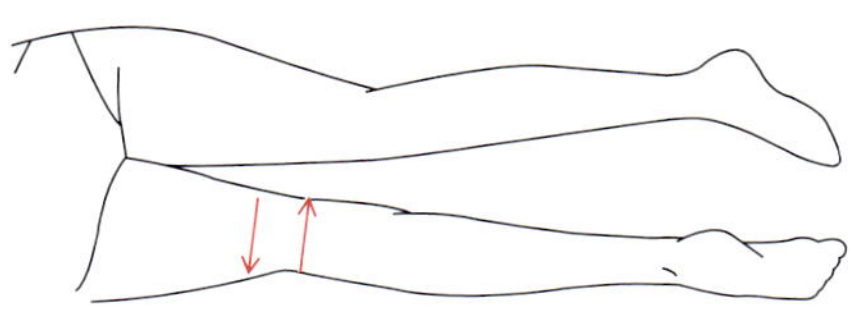

9 대퇴부 내측 쓸어올린 뒤 내려주기

양손 네 손가락으로 대퇴부 내측을 쓸어올린 뒤 수근으로 내려준다.

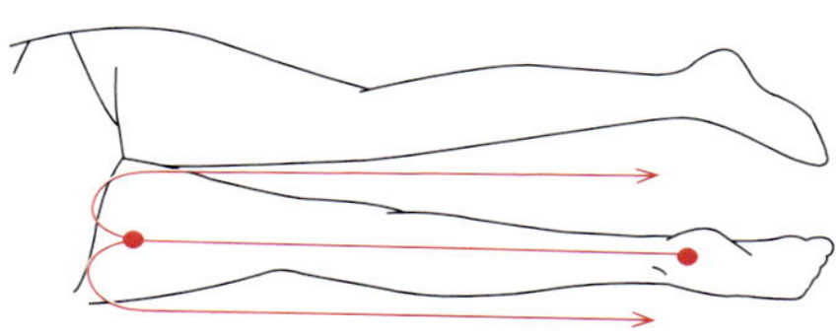

10 한쪽 다리 쓰다듬기

양손바닥을 이용하여 한쪽 다리를 발목에서 대퇴부위까지 올라갔다가 쓰다듬어 내려온다.

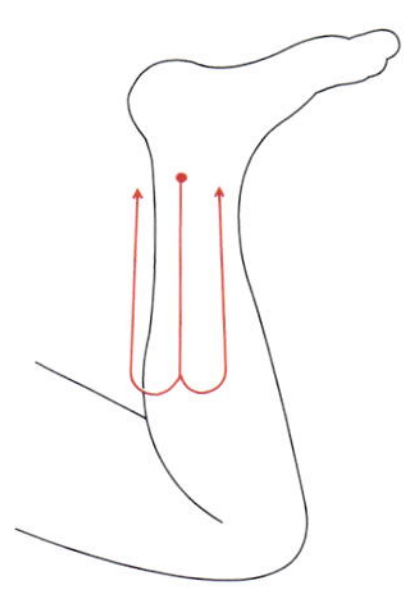

11 다리 세워 쓸어올리기

다리를 세워 양 손바닥을 이용하여 종아리 부위를 아래에서 위로 쓸어올려 준다.

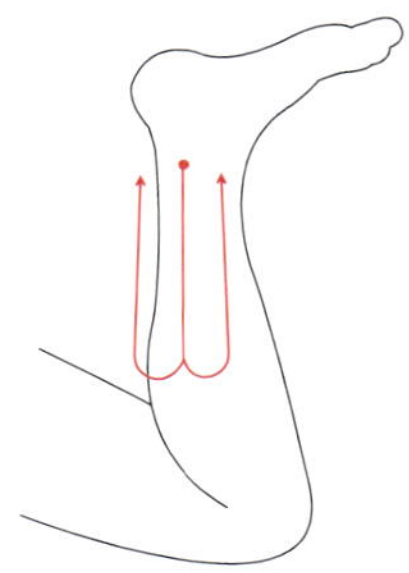

⑫ 다리 세워 비복근 쓸어주기

다리 세워 양손 끝을 이용하여 비복근 부위를 내려 주었다가 올라온다.

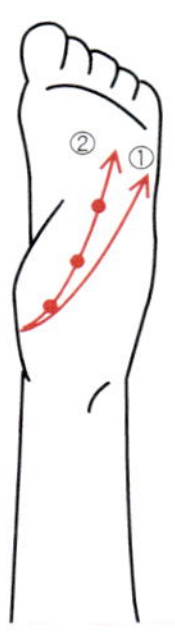

⑬ 발바닥 문지르기

양손바닥을 교대로 발바닥을 쓸어내린다.

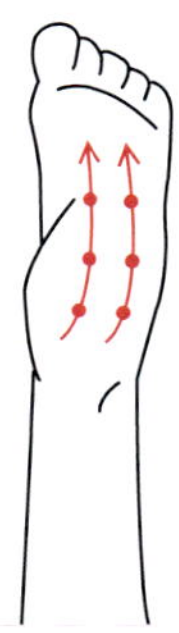

⑭ 발바닥 마찰하기

한 손은 발목을 잡고 주먹을 이용하여 발바닥 전체를 쓸어내린다.

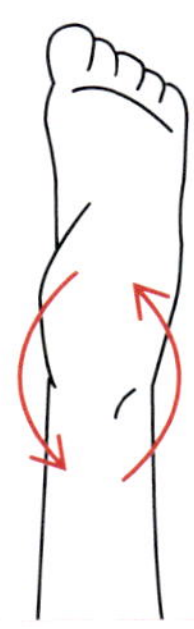

⑮ 발뒤꿈치 짜주기

엄지와 네 손가락을 이용하여 발뒤꿈치를 짜준다.

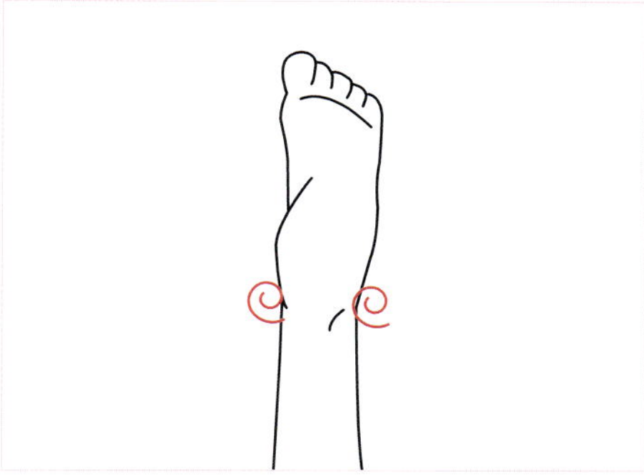

16 복사뼈 원 그리기

양 손의 네 손가락을 이용하여 복사뼈 주위에 원을 그려준다.

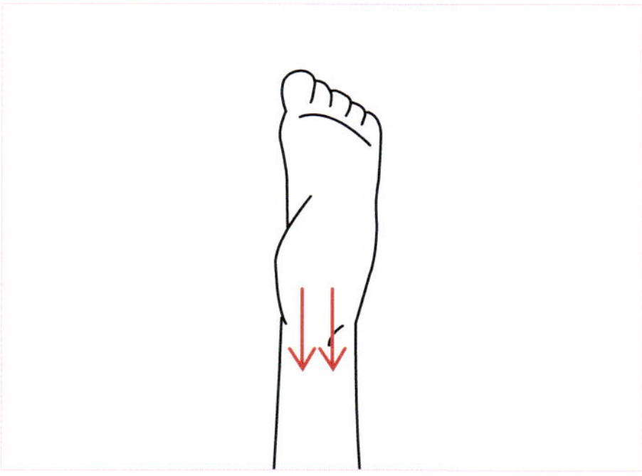

17 아킬레스건 문지르기

양 엄지를 이용하여 아킬레스건 부위를 문지른다.

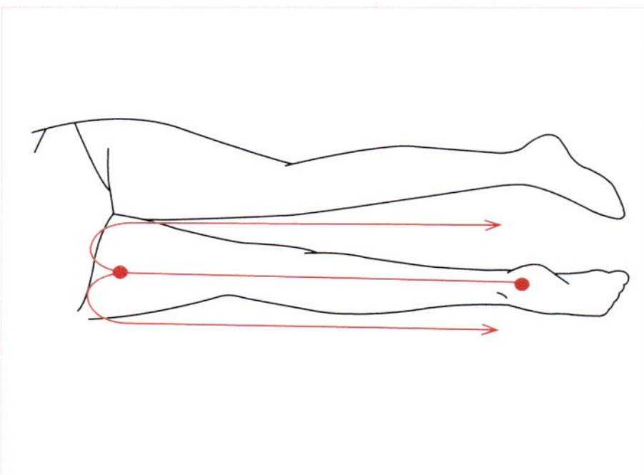

18 한쪽 다리 쓰다듬기

양손바닥을 이용하여 한쪽 다리를 발목에서 대퇴 부위까지 올라갔다가 쓰다듬어 내려온다.

5. 습포 정리

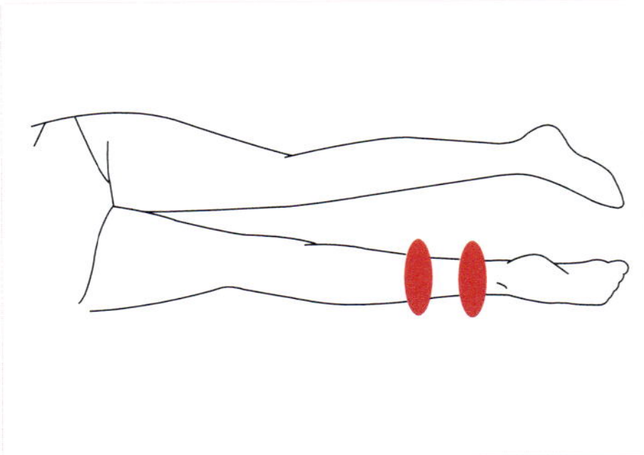

1 다리 전체 주물러주기

양손바닥으로 다리 전체를 눌러준다.

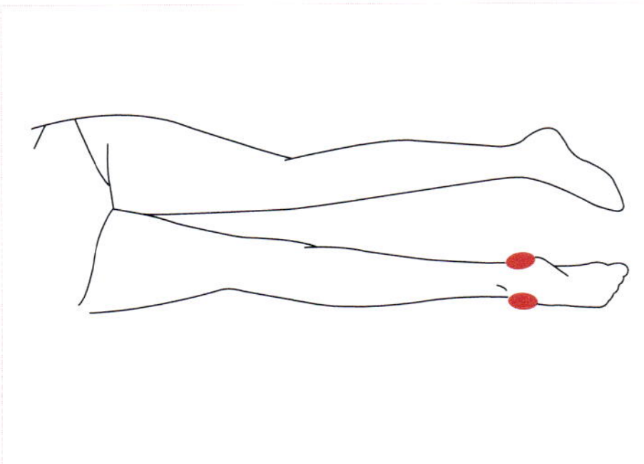

2 아킬레스건 눌러주기

아킬레스건 부위를 엄지, 검지와 중지로 눌러준다.

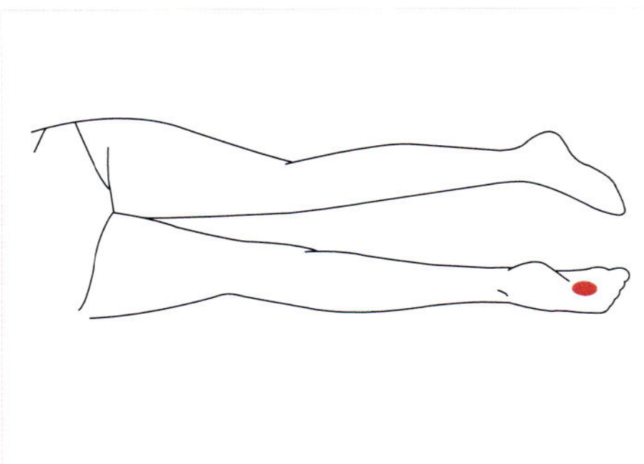

3 용천 눌러주기

용천을 양손 엄지로 눌러준다.

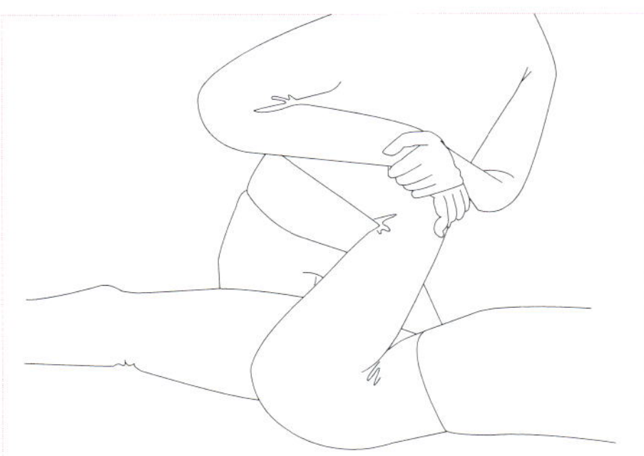

4 다리 세워 발바닥 밀어주기

다리를 세워 팔꿈치를 발바닥 위에 놓고 둔부 쪽으로 밀어준다.

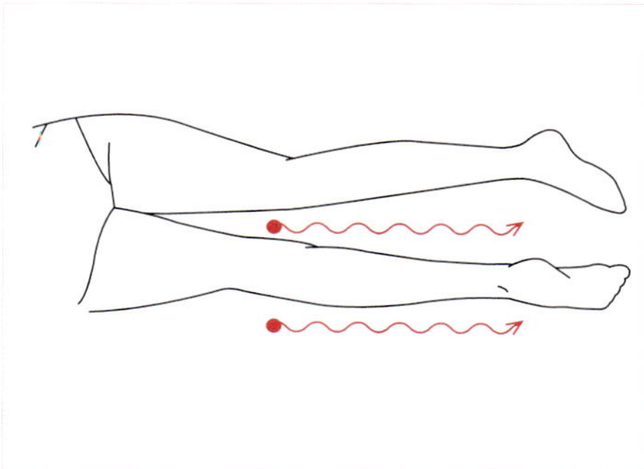

5 발목 잡고 떨어주기

발목을 양손으로 잡고 떨어준다.

6 다리 내측과 외측, 발가락 하나하나를 깨끗이 닦아준다.

7 화장솜을 이용하여 토너를 도포한다.

8 마른 타월로 남아있는 습기를 닦아준다.

6. 다리 앞쪽의 매뉴얼 테크닉

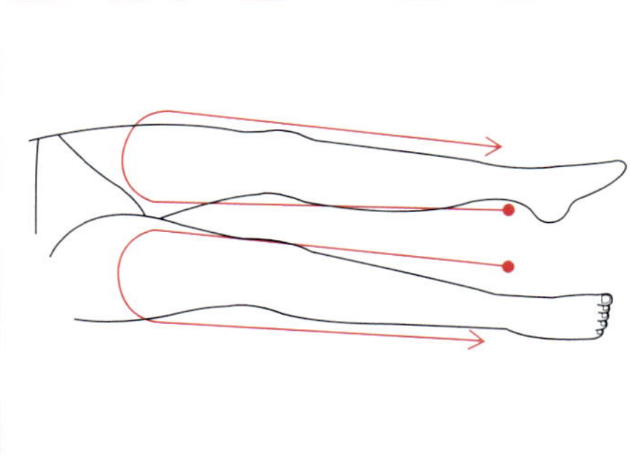

1 전체 쓰다듬기

양손바닥으로 다리 전체를 발목에서 체중을 실어 동시에 쓸어 올라가 내려온다. 한쪽 다리는 타월로 덮어 둔다.

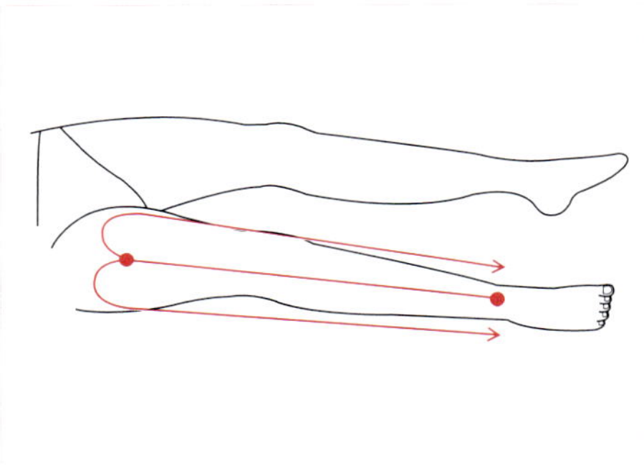

2 한쪽 다리 쓰다듬기

양손바닥을 나란히 하여 한쪽 다리를 발목에서 대퇴부위까지 올라갔다가 내려온다.

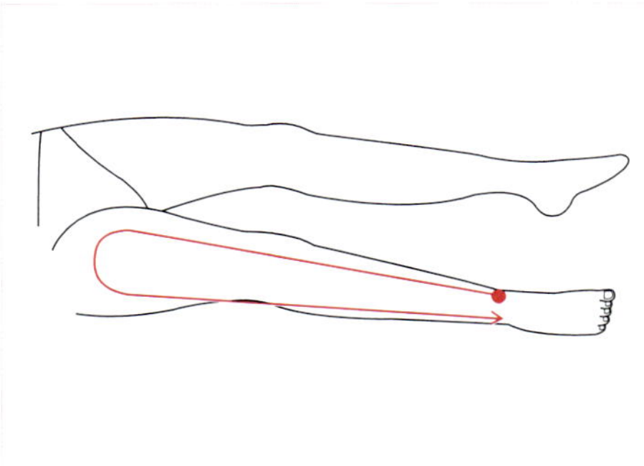

3 안에서 밖으로 쓰다듬기

한 손으로 발목을 고정하고 다른 손으로 안에서 밖으로 쓰다듬어 내려온다.

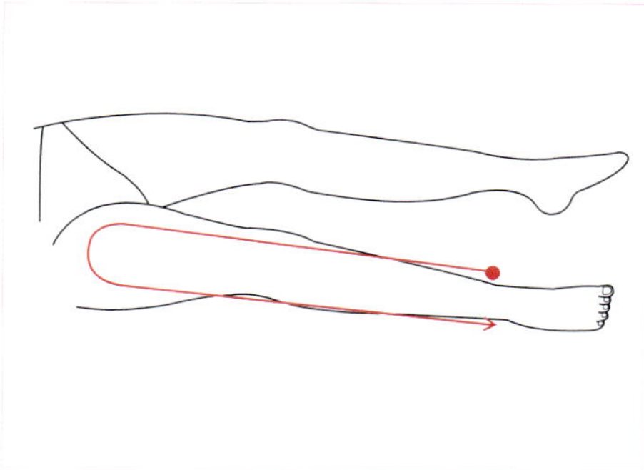

4 밖에서 안으로 쓰다듬기

한 손으로 발목을 고정하고 다른 손으로 밖에서 안으로 쓰다듬어 내려온다.

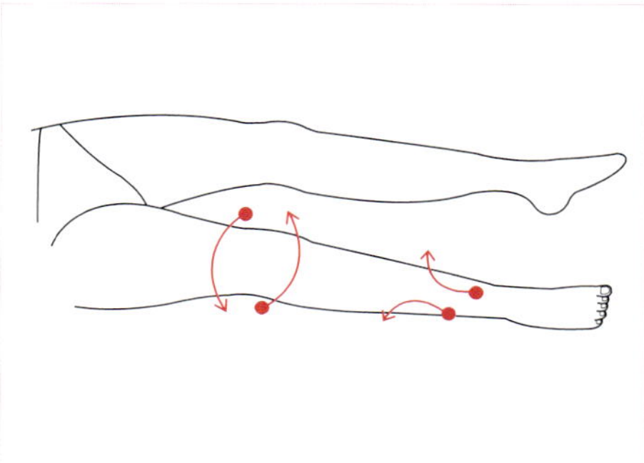

5 엄지로 마찰하기

두 손의 엄지를 이용하여 발목에서 반원을 그리면서 마찰하여 올라가다가 엄지로 슬개골 위아래 부위를 횡으로 세 번 쓸어준 후 다시 반원을 그리면서 대퇴부까지 마찰하여 올라갔다가 쓰다듬어 내려온다.

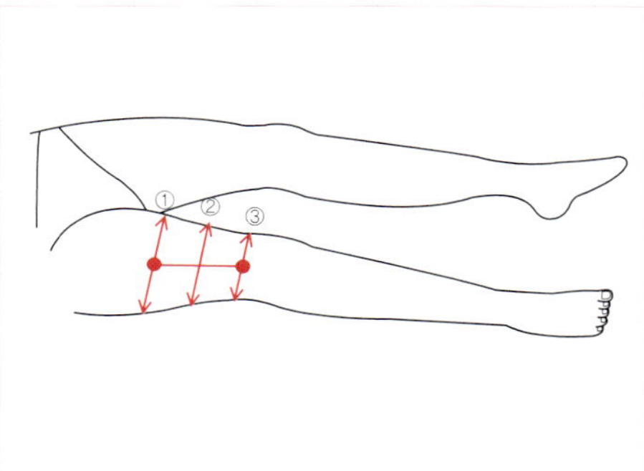

6 대퇴부위 엄지로 쓸어주기

대퇴부위 중앙 부위를 양 엄지로 올라갔다가 좌우로 내려준다. 대퇴부위를 세 부위로 나누어 이 동작을 실시한다.

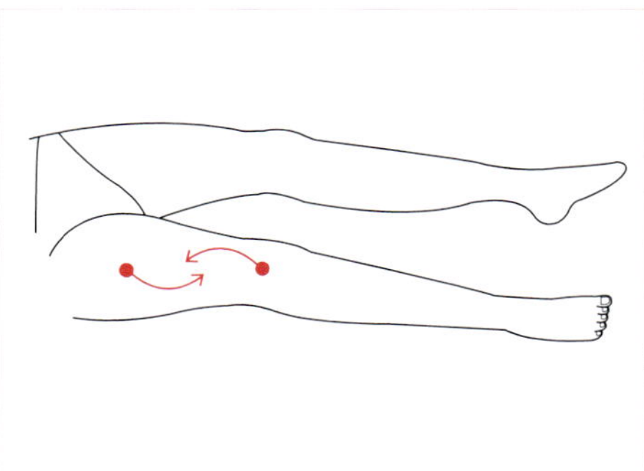

7 대퇴부위 반죽하기

엄지와 네 손가락을 이용하여 대퇴부위 내측과 외측 부위를 반죽한다.

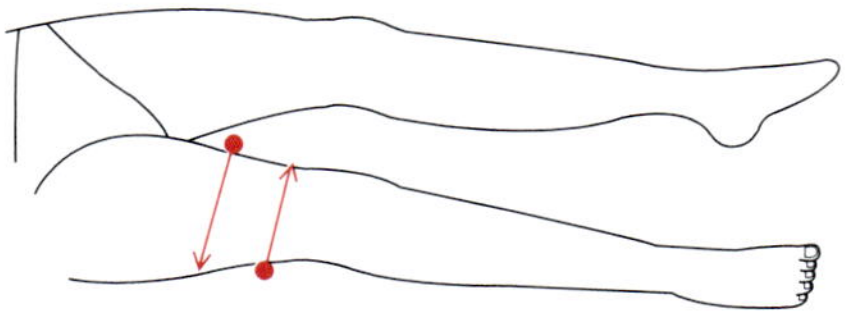

8 대퇴부위 비틀기

양손바닥을 이용하여 대퇴부위를 중앙으로 모아 주듯이 비틀어 준다.

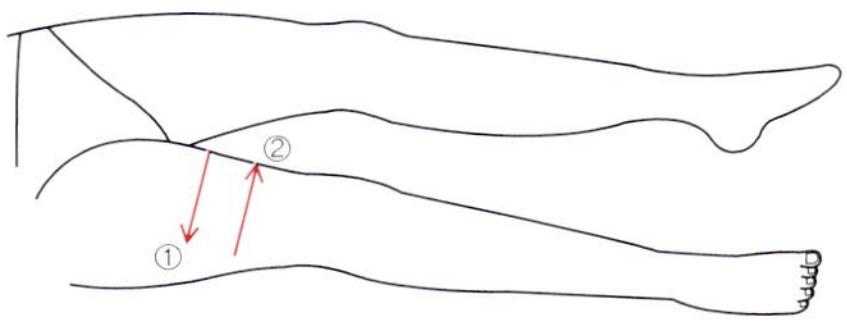

9 대퇴부 내측 쓸어 올린 뒤 내려주기

양손 네 손가락으로 대퇴부 내측을 쓸어 올린 뒤 수근으로 내려준다.

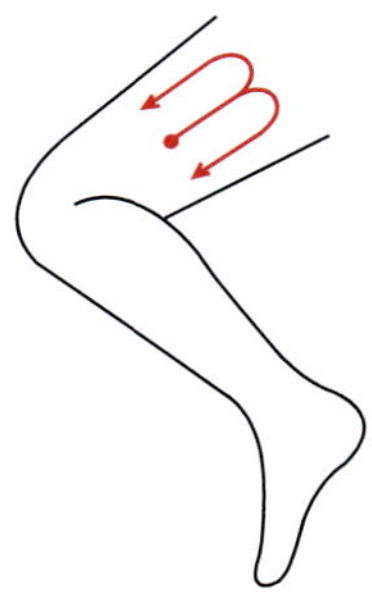

10 다리 꺾어 대퇴부위 쓰다듬기

다리를 꺾은 상태에서 대퇴부 내측 부위를 양손 바닥으로 올라갔다가 쓰다듬어 내려온다.

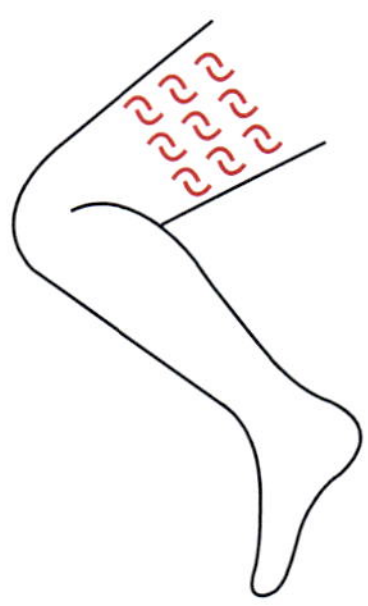

11 다리 꺾어 대퇴부위 반죽하기

다리를 꺾은 상태에서 대퇴부 내측 부위를 양 손을 이용하여 반죽한다.

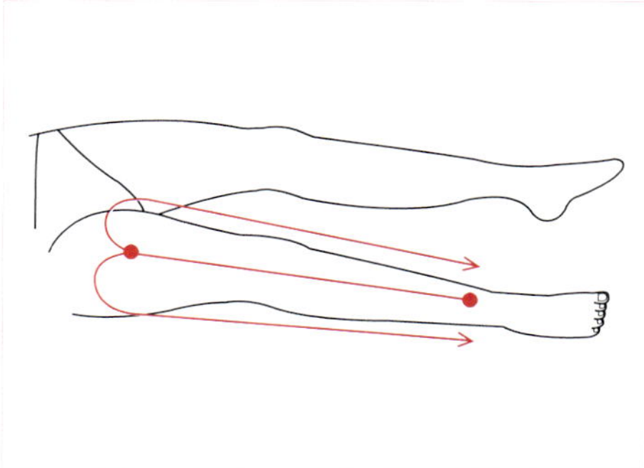

⑫ 한쪽 다리 쓰다듬기

양손바닥을 이용하여 한쪽 다리를 발목에서 대퇴 부위까지 올라갔다가 쓰다듬어 내려온다.

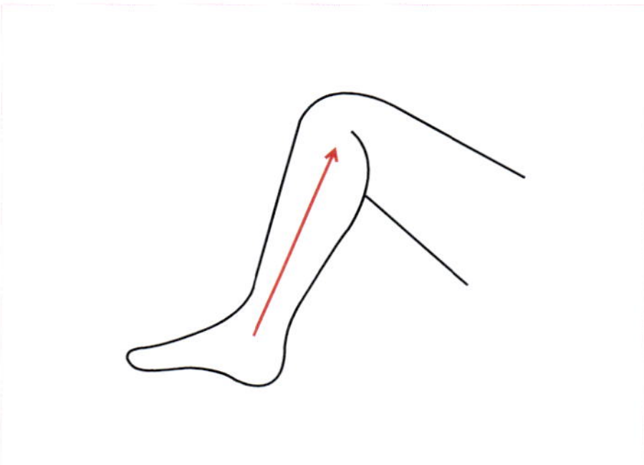

⑬ 다리 세워 쓸어 올리기

다리를 세워 한 손바닥을 이용하여 종아리 부위를 교대로 아래에서 위로 쓸어 올려 준다.

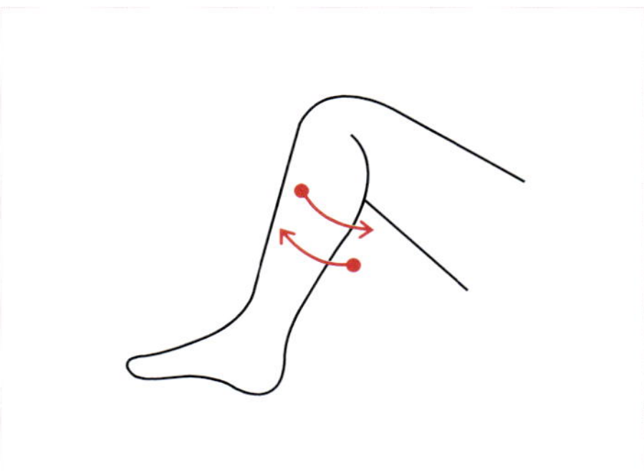

⑭ 다리 세워 엇갈려 훑어주기

다리를 세워 양손바닥을 이용하여 비복근 부위를 엇갈려 훑어준다.

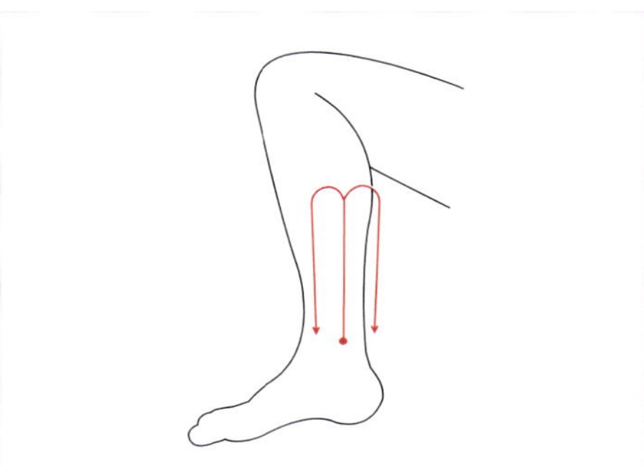

⑮ 다리 세워 비복근 쓸어주기

다리 세워 양손 끝을 이용하여 비복근 부위를 쓸어 올려 주었다가 내려온다.

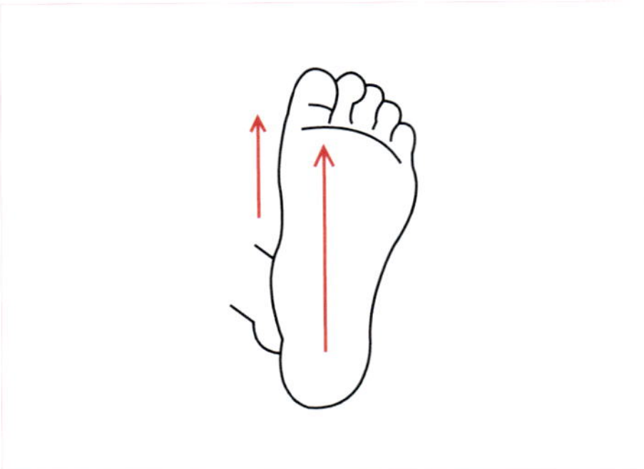

16 발등과 발바닥 쓰다듬기

양손바닥으로 발등과 발바닥을 쓸어준다.

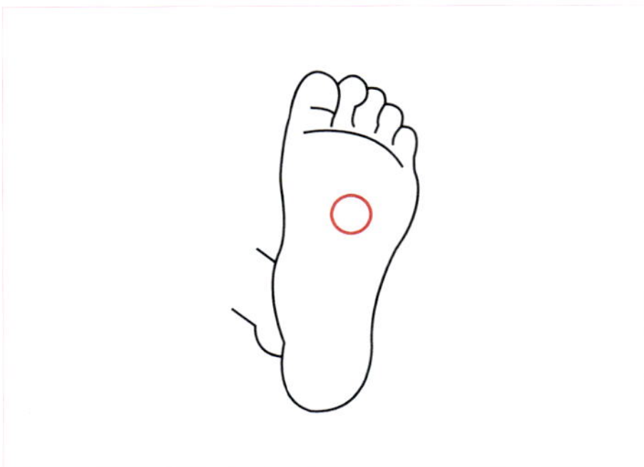

17 발바닥 마찰하기

용천 부위를 중심으로 양 엄지를 이용하여 반원 모양으로 쓸어준다.

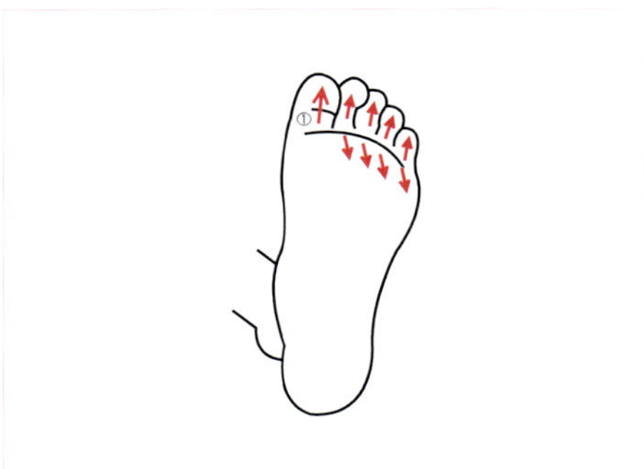

18 발가락 마찰하기

엄지와 검지를 이용하여 발가락에 압력을 주어 훑어 준 뒤 튕겨준다.

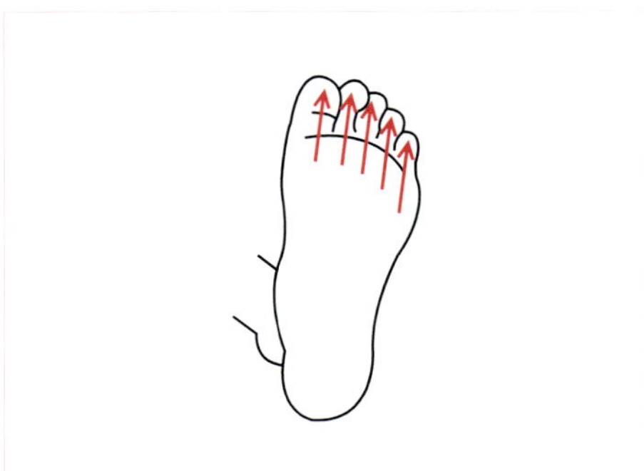

19 발가락 젖혀주기

한 손은 발목에 고정하고 다른 한 손으로 발가락 전체를 잡고 뒤로 젖혀준다.

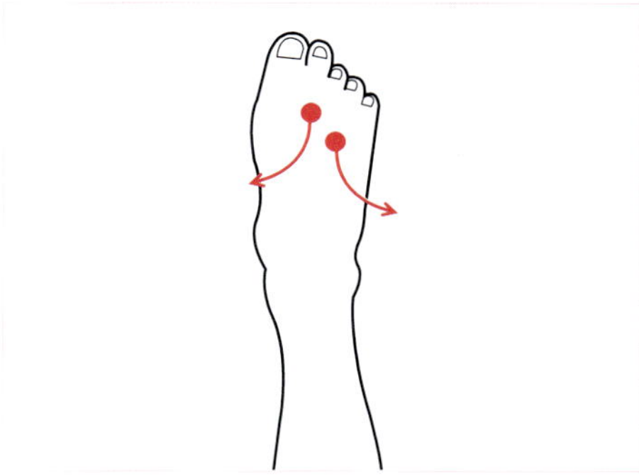

20 발등 마찰하기

두 손의 엄지를 이용하여 교대로 발등을 반원 모양으로 마찰한다.

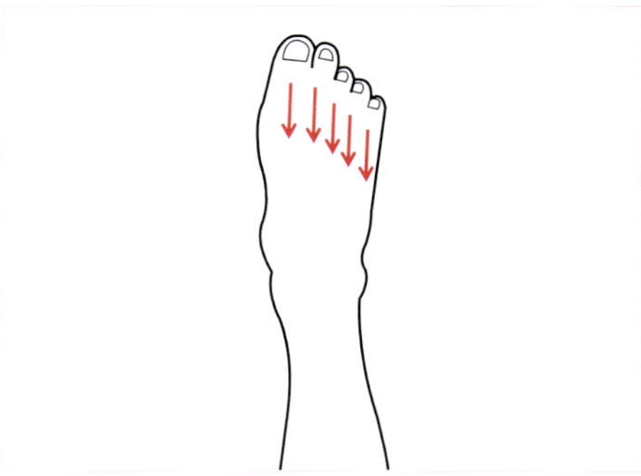

21 중족골 사이 마찰하기

중족골 사이를 엄지로 훑어준다.

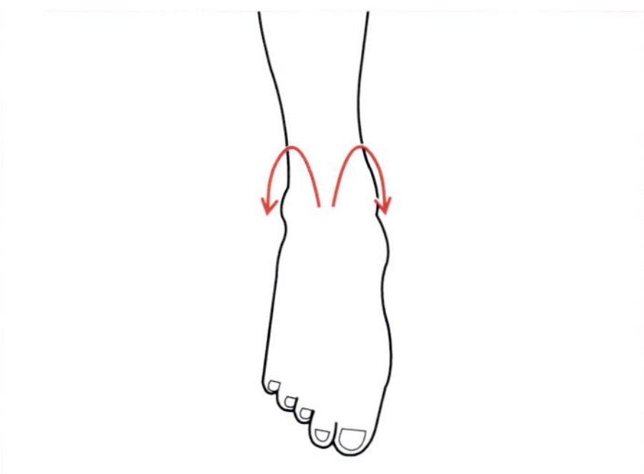

22 복사뼈 원 그리기

엄지는 발등에 고정한 채 양손의 네 손가락을 이용하여 복사뼈 주위에 원을 그려준다.

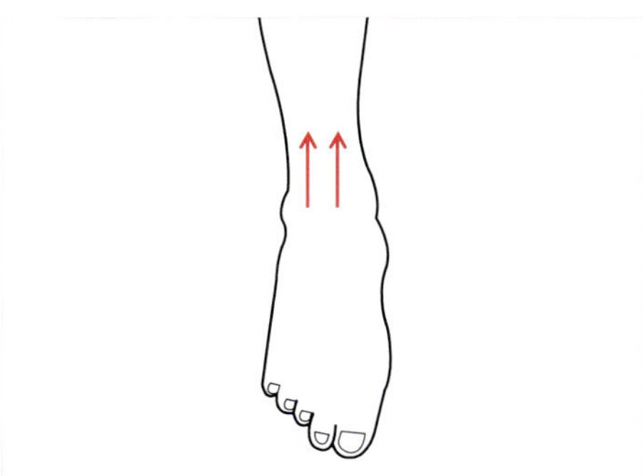

23 발목 부위 쓸어 올리기

두 손의 엄지를 사용하여 발목 부위를 위로 쓸어 올린다.

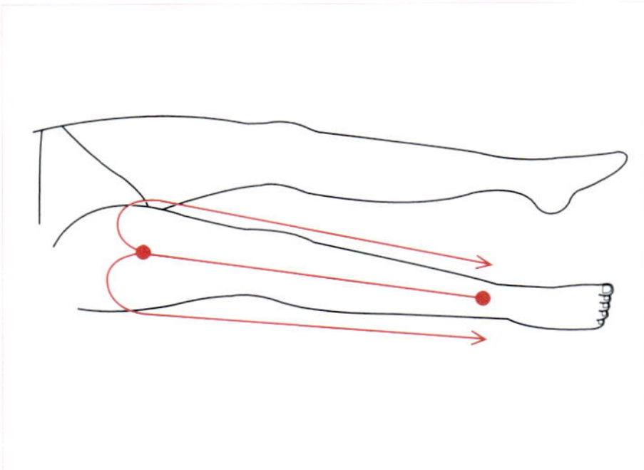

24 한쪽 다리 쓰다듬기

양손바닥을 이용하여 한쪽 다리를 발목에서 대퇴부위까지 올라갔다가 쓰다듬어 내려온다. 양 손으로 발목을 잡아당기면서 떨어준다.

20 다른 쪽 다리를 2번 동작부터 시행한다.

7. 습포 정리

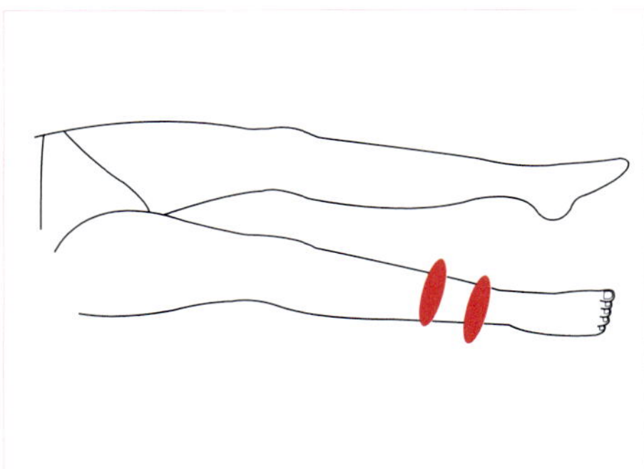

1 다리 주물러 주기

온 습포를 덮고 양손바닥으로 다리를 주물러 준다.

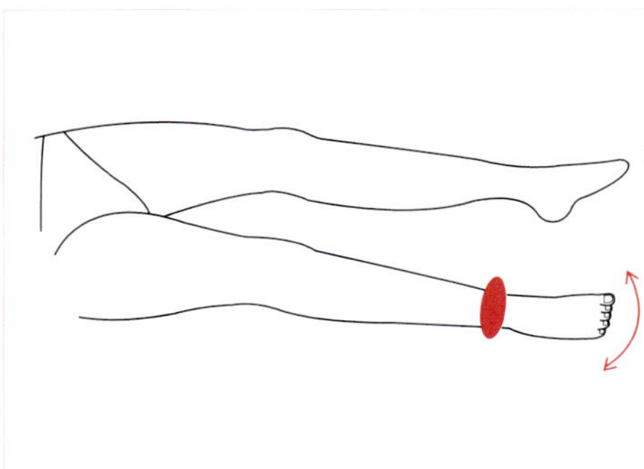

2 발목 돌려주기

한 손은 발목을 고정하고 다른 손으로 발가락 부위를 잡고 돌려준다.

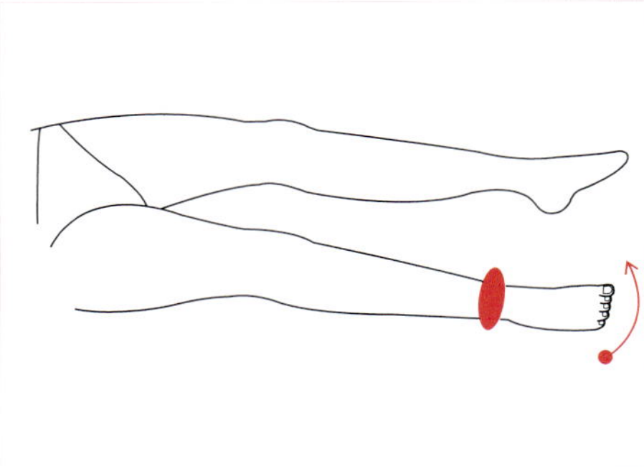

3 발 내측으로 눌러주기

한 손은 발목을 잡고 다른 손으로 발가락 부위를 잡고 내측으로 눌러준다.

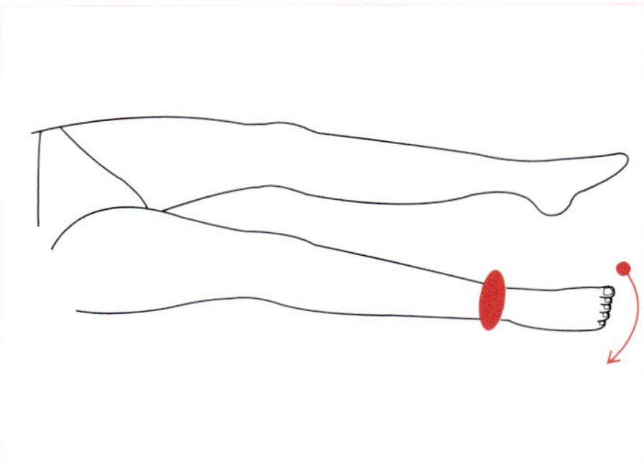

4 발 외측으로 눌러주기

한 손은 발목을 잡고 다른 손으로 발가락 부위를 잡고 외측으로 눌러준다.

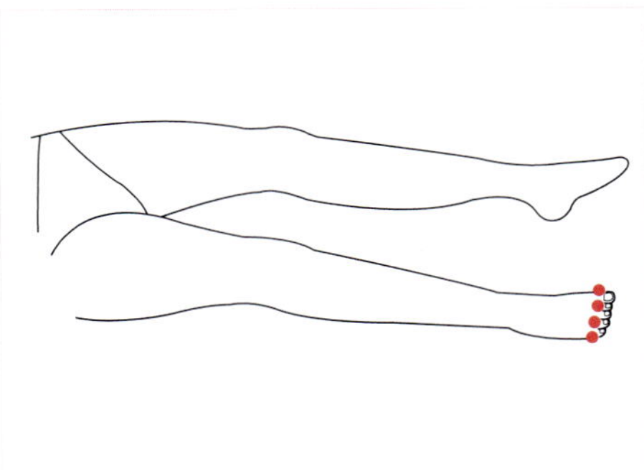

5 중족골 사이 눌러주기

양손 엄지로 중족골 사이를 눌러준다.

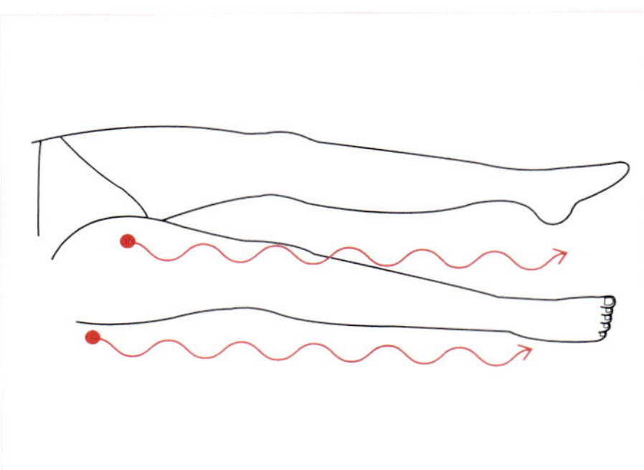

6 발목 잡고 떨어주기

양손으로 발목을 잡고 떨어준다.

7 다리 내측과 외측, 발가락 하나하나를 깨끗이 닦아준다.

8 화장솜을 이용하여 토너를 도포한다.

9 마른 타월로 남아있는 습기를 닦아준다.

CHAPTER

05 복부 관리

1. 복부 관리 필요성

복부 관리는 두꺼워진 피하지방층과 튼살이라고 일컬어지는 스트레치마크(strech mark)를 대상으로 하며, 내장 기능의 회복을 돕는 역할을 한다.

2. 목적 및 효과

① 주요 장부가 위치해 있으므로 강한 압력을 가하지 않도록 한다.
② 축적된 체지방, 셀룰라이트 감소 및 복부 근육의 탄력 강화

3. 유의 사항

① 대장의 흐름 방향(시계 방향)으로 관리하도록 한다.
② 매우 섬세하고 부드러운 부위이므로 피술자를 잘 관찰하면서 관리하도록 한다.
③ 식사 후 1시간 이내에는 관리를 피하도록 한다.
④ 임산부, 생리 중에는 관리를 피하도록 한다.

4. 복부의 매뉴얼 테크닉

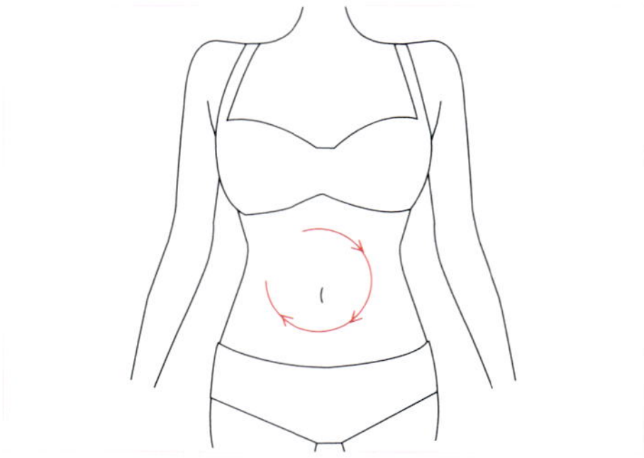

1 양손 번갈아 배꼽 주위 시계 방향으로 쓰다듬기

양손을 번갈아 배꼽 주위를 시계 방향으로 쓰다듬는다.

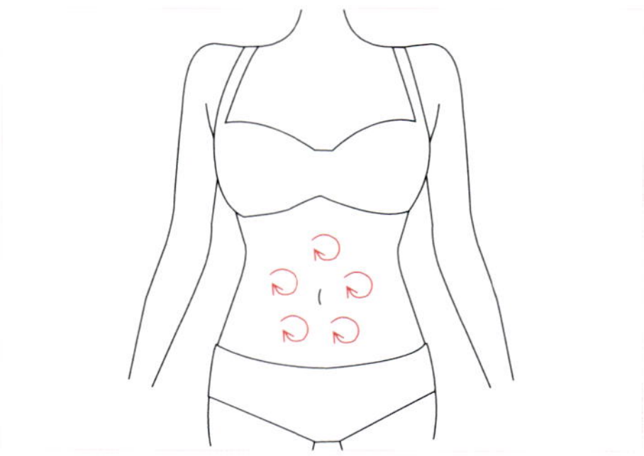

2 양손 포개어 배꼽 주위 시계 방향으로 돌리면서 마찰하기

양손 포개어 중지 위주로 배꼽 주위를 5 부위로 나누어 마찰해 준다.

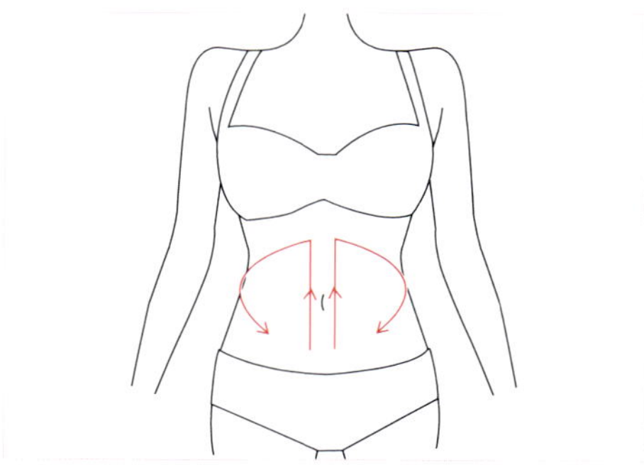

3 손바닥으로 복근 전체 쓰다듬기

양손바닥을 이용하여 하복부에서 명치부위, 허리라인을 거쳐 하복부로 쓰다듬는다.

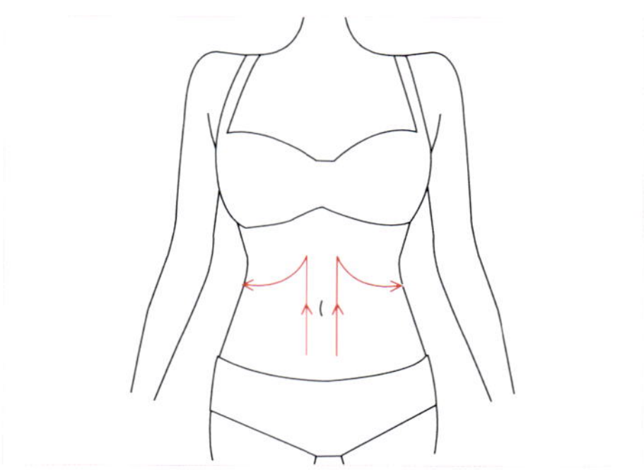

4 손바닥으로 명치까지 올라갔다가 엄지로 갈비뼈 아랫부위 쓸어주기

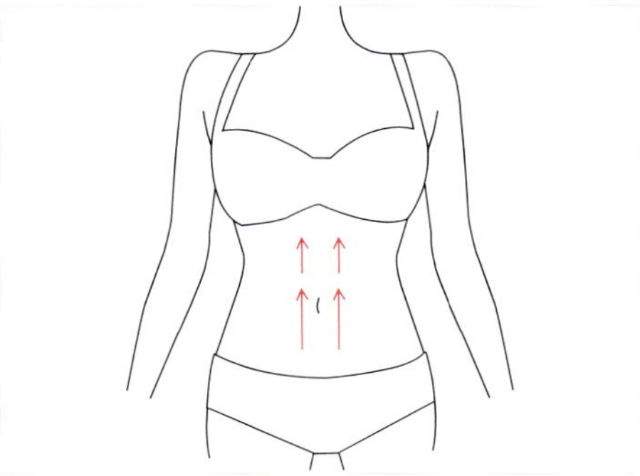

5 양 엄지 번갈아 명치까지 쓸어주기

양엄지를 이용해 복부 중앙을 2 부위로 나누어 쓸어 올려준다.

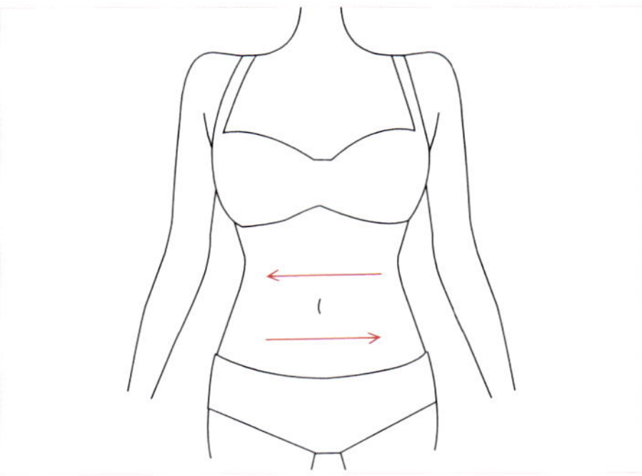

6 허리 전체 비틀어주기

양손바닥을 이용해 허리 라인을 잡아 비틀어 준다.

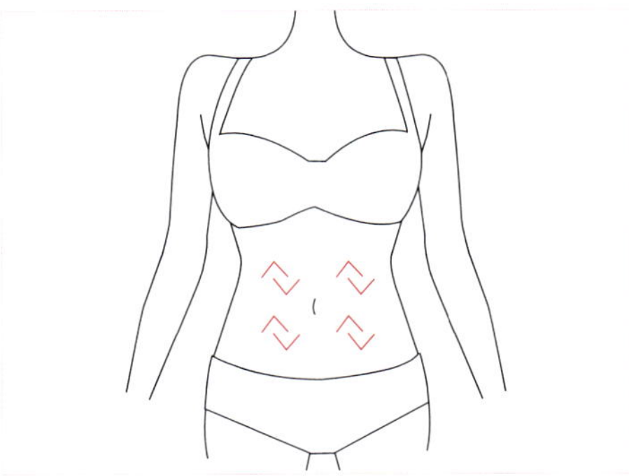

7 복직근 전체 꼬집듯이 반죽하기

복직근 전체를 꼬집듯이 반죽해 준다.

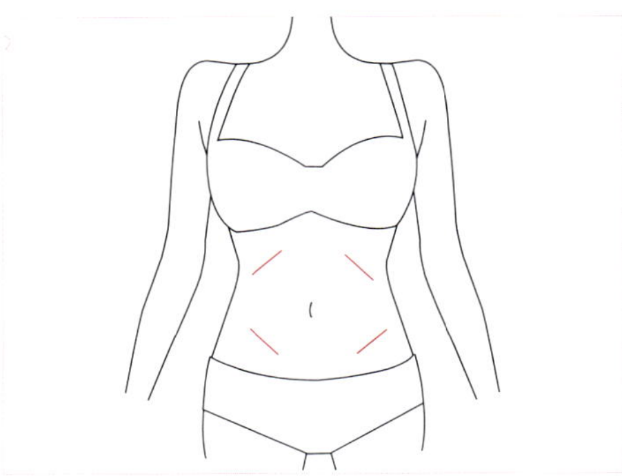

8 손바닥 끝으로 대각선 방향으로 눌러주기

한손은 늑골 밑에, 한손을 장골 옆에 대고 가볍게 눌러준다.

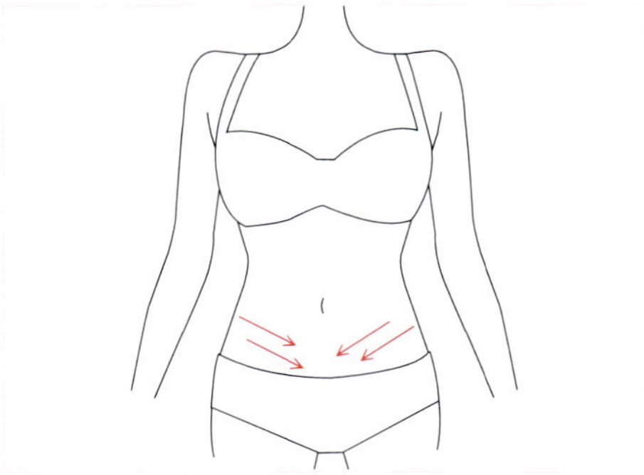

9 장골에서 치골 부위로 쓸어올리기

양손을 이용하여 장골에서 치골 부위로 쓸어 올린다.

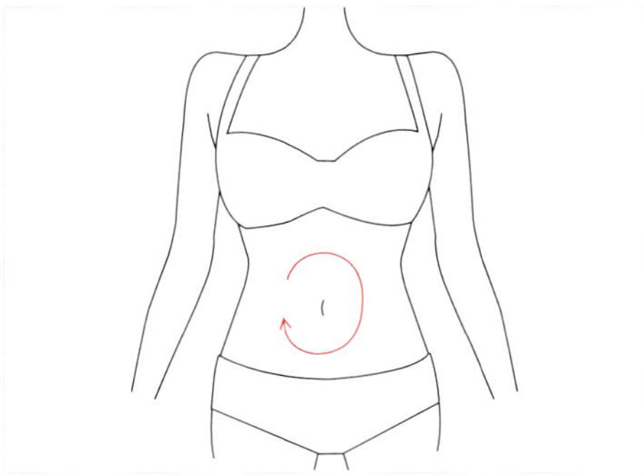

10 시계 방향으로 쓰다듬기

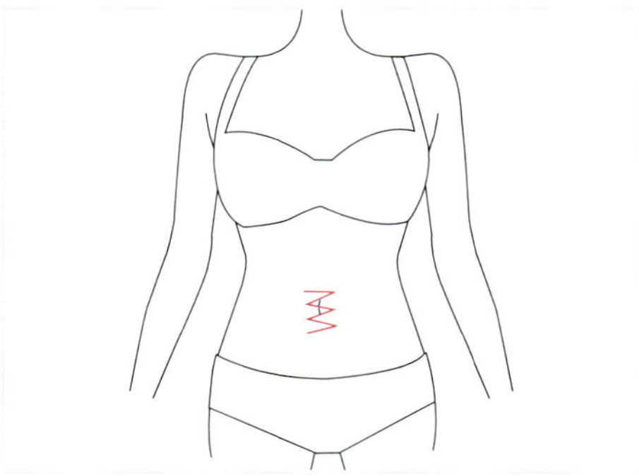

11 배꼽위에 손을 놓고 가볍게 흔들어 위쪽으로 빼주기

5. 습포 정리

① 온 습포를 복부에 놓고 대각선 방향으로 눌러준다.

② 전체를 깨끗하게 닦아준다.

CHAPTER

06 팔 관리

1. 팔 관리의 필요성

일상생활의 거의 모든 일은 손을 이용하기 때문에 손과 팔 부위는 피로가 많이 쌓이고 긴장이 많이 되는 부위라고 할 수 있다. 특히 컴퓨터를 이용하여 작업을 하는 일이 많아지면서 팔 관리에 대한 중요성은 최근 들어 더욱 커지고 있다. 또한, 운전을 하는 경우 자외선에 대한 노출이 많아지면서 손 부위에 주름이나 색소침착과 같은 노화 증상이 가장 먼저 나타나게 된다. 팔 관리는 피부미용실에서 딥 클렌징이나 팩을 하는 동안 서비스 관리로 주로 시행된다.

2. 목적 및 효과

크림이나 오일을 이용하여 매뉴얼 테크닉을 적용하게 되면 피부에 수분을 공급해 주고 혈액순환을 촉진하여 더욱 부드럽고 탄력 있는 손을 유지할 수 있다. 팔의 매뉴얼 테크닉은 팔의 긴장뿐 아니라 전신의 긴장까지 풀어 줄 수 있는 효과가 있다. 또한, 옷을 입은 채로 관리할 수 있기 때문에 언제 어디서든 간단하게 관리할 수 있다.

3. 손과 팔의 해부학

손은 신체 중에서 가장 민감한 부위 중 하나라고 할 수 있다. 손에는 수천 개의 신경종말이 분포되어 있어 감각을 인지할 수 있다. 손가락은 근육에 의해 전완 부위 내에서 움직이며 손등에 위치한 긴 힘줄이 손가락 뼈까지 연결되어 있다.

팔과 손의 뼈는 다리와 발의 뼈보다 약하며 전체적인 구조는 비슷하다. 전완 부위 두 개의 뼈는 거의 같은 크기이며 잘 구분할 수 있다.

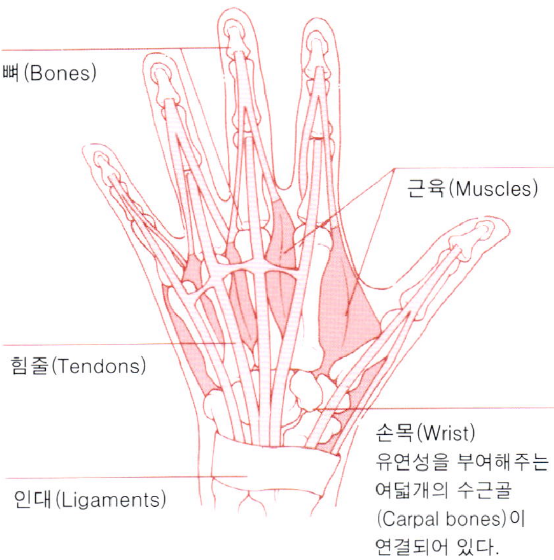

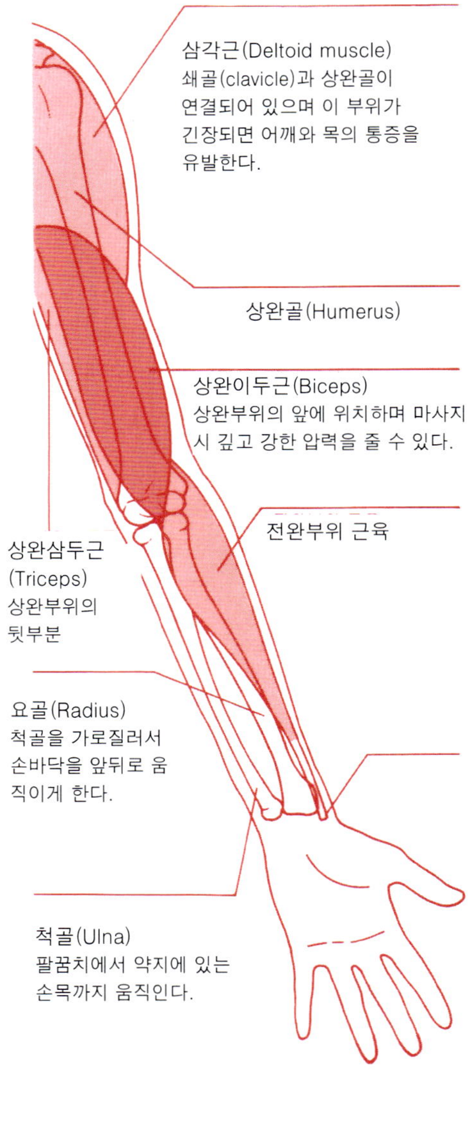

4. 팔의 매뉴얼 테크닉(모든 동작은 3~4회 반복)

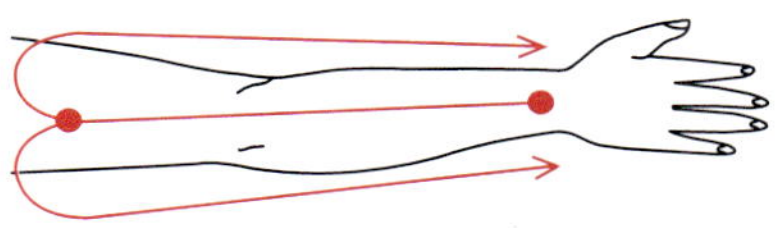

1 전체 쓰다듬기

양손바닥을 손목 부위에 나란히 놓고 체중을 실어 상완부까지 올라갔다가 쓸어내린다. 이때 겨드랑이에 손이 닿지 않도록 주의한다.

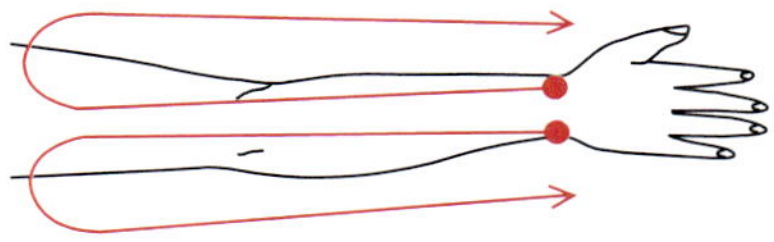

2 한 손씩 쓰다듬기

한 손으로 손목을 잡고 다른 한 손으로 팔 안쪽을 쓸어 올라갔다가 내려온다. 손을 바꾸어 팔 바깥쪽을 같은 동작으로 반복한다.

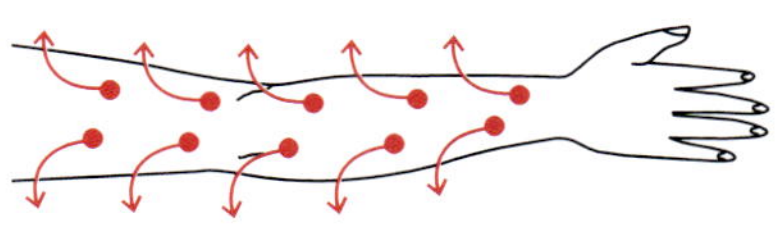

3 엄지로 쓰다듬기

양손 엄지를 교대로 반원 모양으로 압력을 주면서 손목에서 어깨까지 올라갔다가 쓸어내려 준다.

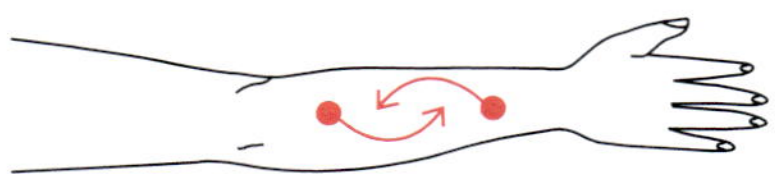

4 반죽하기

양손 엄지와 네 손가락을 이용하여 팔의 안쪽과 바깥쪽을 반죽한다.

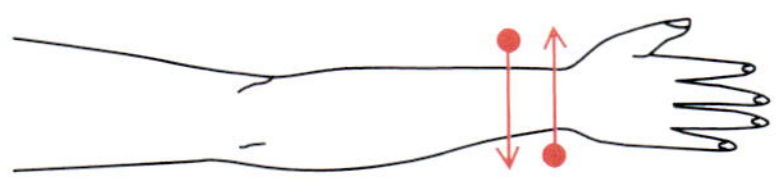

5 팔 전체 비틀기

양손바닥을 이용하여 팔 전체를 비틀어준다.

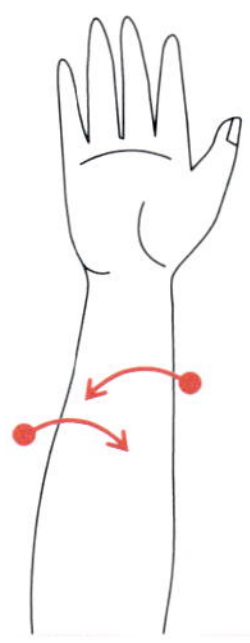

6 전완 부위 비틀기

팔꿈치를 세운 후 양손바닥을 이용하여 전완 부위를 비틀어준다.

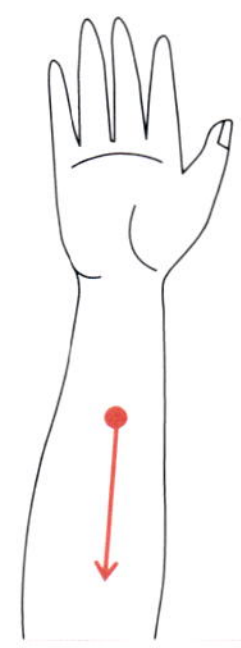

7 전완 부위 쓸어내리기

팔꿈치를 세운 상태에서 양손바닥을 교대로 전완 부위를 위에서 아래로 쓸어내린다.

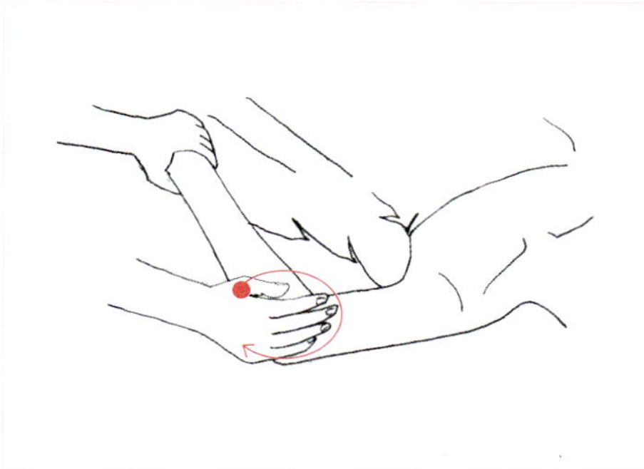

8 팔꿈치 쓰다듬기

팔을 내려놓고 팔을 구부린 후 한 손은 손목을 고정하고 다른 손바닥을 이용하여 팔꿈치를 쓰다듬는다.

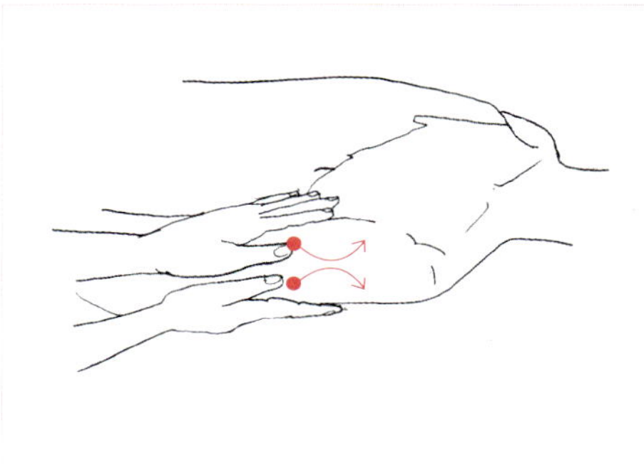

9 삼각근 부위 쓰다듬기

상완의 삼각근 부위를 양손의 엄지를 번갈아 가며 반원 모양으로 쓰다듬는다.

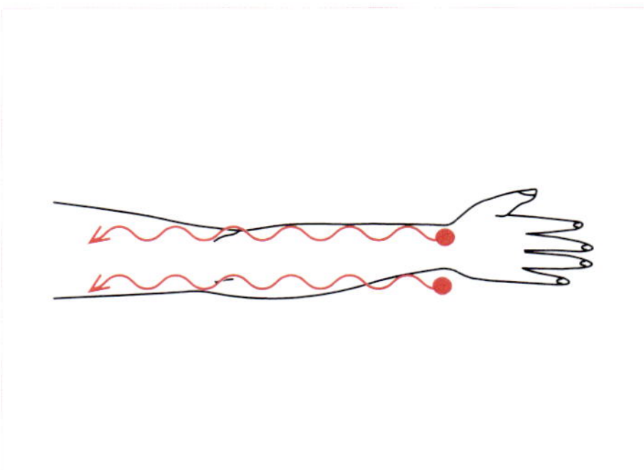

10 진동하기

양손바닥을 마주 댄 상태에서 손목에서 상완 부위까지 왕복하면서 떨어준다.

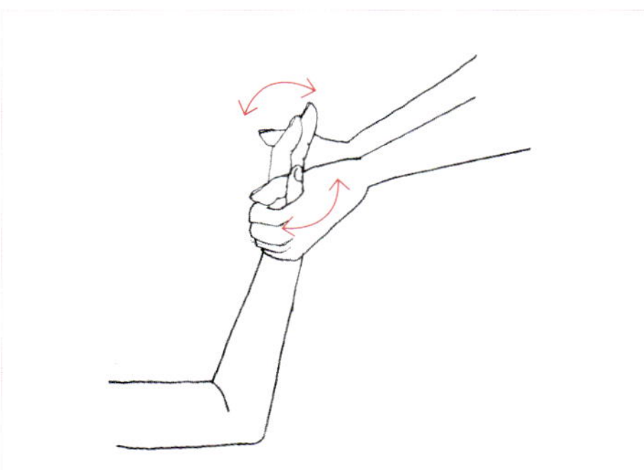

11 손 전체 비벼주기

엄지와 약지 사이에 손가락을 끼운 후 강하게 비벼준다.

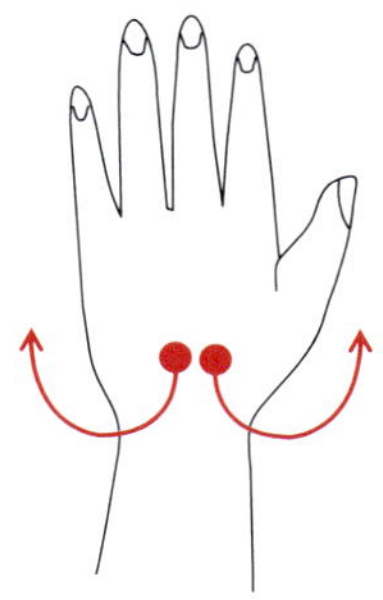

12 손등 쓰다듬기

양손의 엄지를 이용하여 손등을 교대로 반원 모양으로 쓰다듬는다.

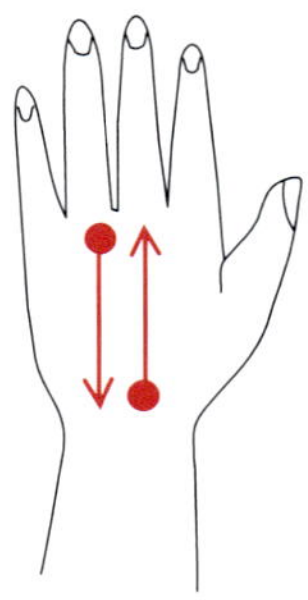

13 중수골 사이 쓸어올리기

엄지를 이용하여 중수골 사이를 아래로 내려갔다가 위로 쓸어올린다.

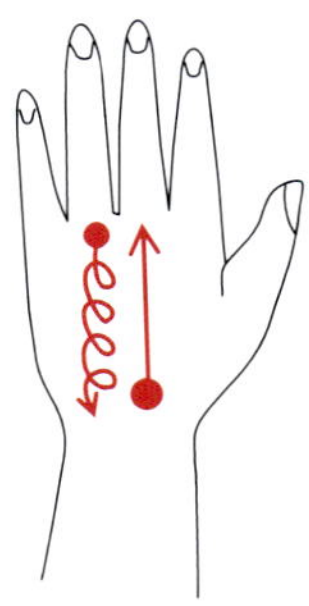

14 중수골 사이 마찰하기

엄지를 이용하여 중수골 사이를 원을 그리면서 내려갔다가 위로 쓸어올린다.

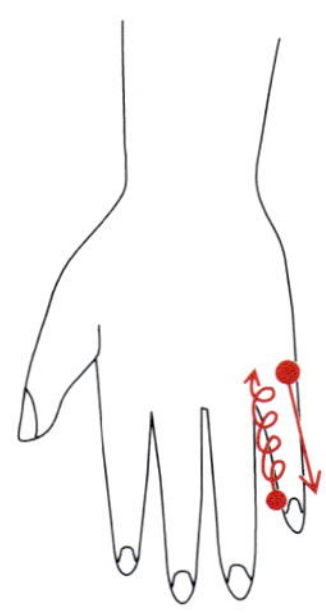

15 손가락 마찰하기

엄지를 이용하여 손가락 하나씩 원을 그리면서 올라갔다가 위로 쓸어올린다.

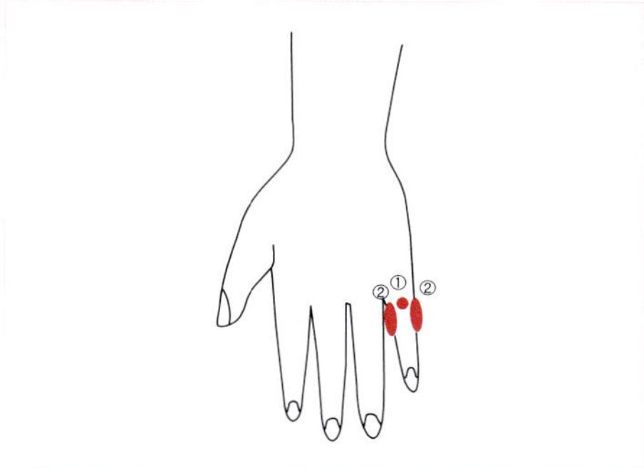

16 손가락 집어주기

검지와 중지를 구부려서 손가락을 집어준 후 훑어서 빼준다.

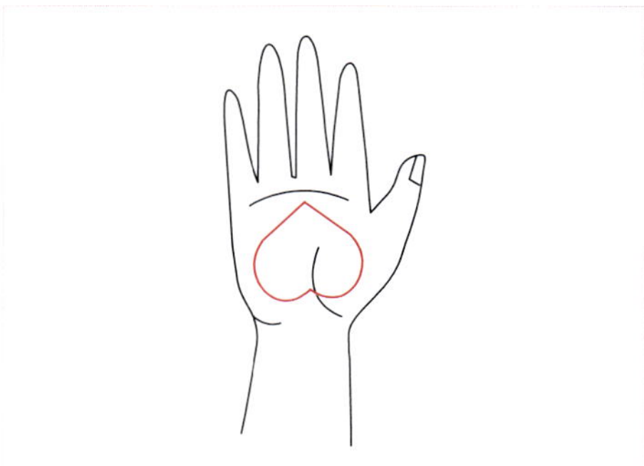

17 노궁 압주기

양손 엄지를 이용하여 노궁에 압을 준 후 하트 모양으로 그려 내려와 엄지와 약지로 훑어준다.

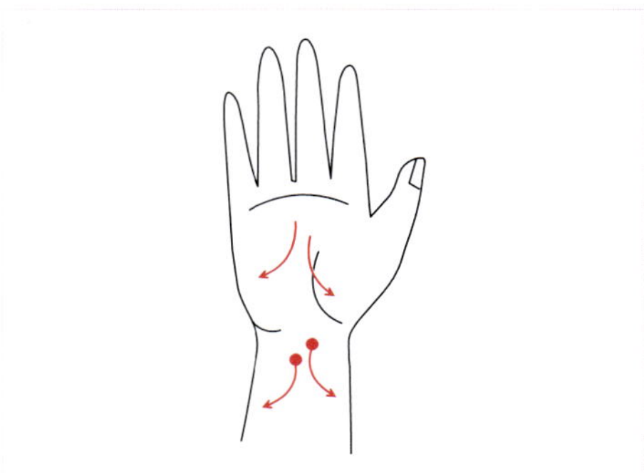

18 손바닥 마찰하기

양손 엄지를 이용하여 손가락에서부터 손목 아래까지 가지를 치듯이 마찰한다.

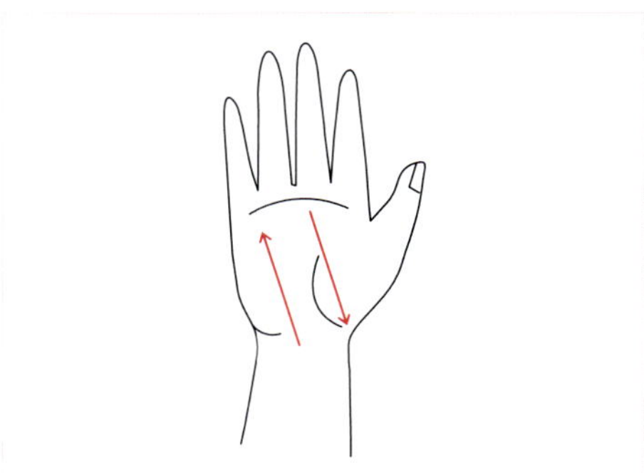

19 주먹으로 마찰하기

주먹으로 손바닥을 문지르며 올라갔다가 쓸어내려 준다.

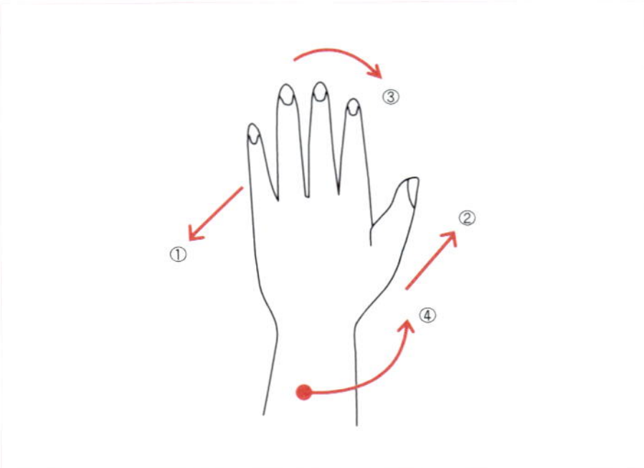

20 스트레칭하기

한 손으로 손목을 고정하고 다른 손으로 깍지를 끼운 상태에서 앞, 뒤, 좌, 우로 스트레칭한 후 힘을 준 상태에서 손가락 위로 빼낸다.

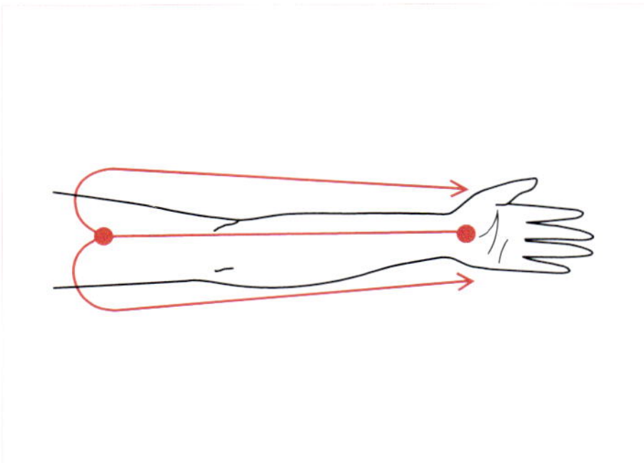

21 전체 쓰다듬기

양손바닥을 손목 부위에 나란히 놓고 체중을 실어 상완부까지 올라갔다가 쓸어내린다. 이때 겨드랑이에 손이 닿지 않도록 주의한다.

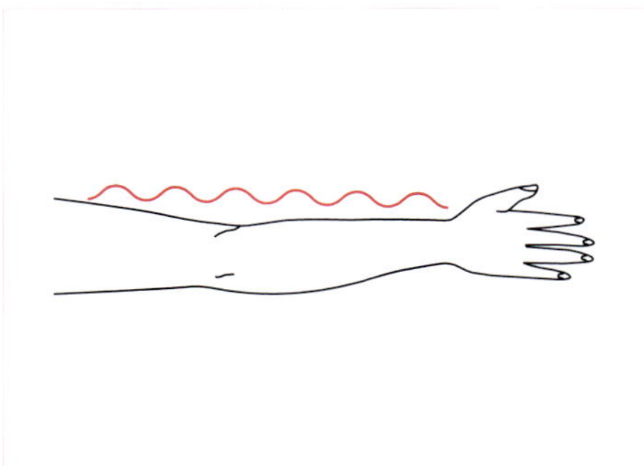

22 가볍게 흔들어 주기

팔을 가볍게 흔들어 주고 잡아당기면서 손바닥을 훑어주면서 빼준다.

5. 습포 정리

1 어깨 눌러주기

한 손으로 손목잡고 다른 손을 이용하여 어깨부터 눌러준다.

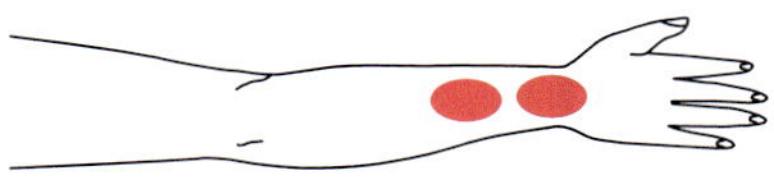

2 팔 전체 눌러주기

두 손바닥을 이용하여 손목에서 어깨까지 압력을 주면서 올라온다.

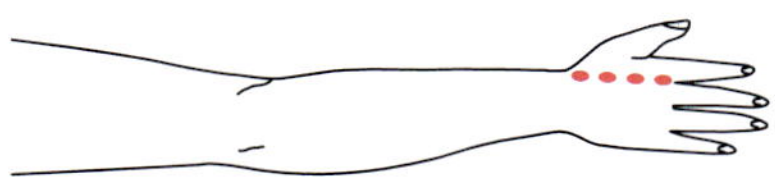

3 중수골 사이 눌러주기

양손 엄지로 중수골 사이사이를 눌러준다.

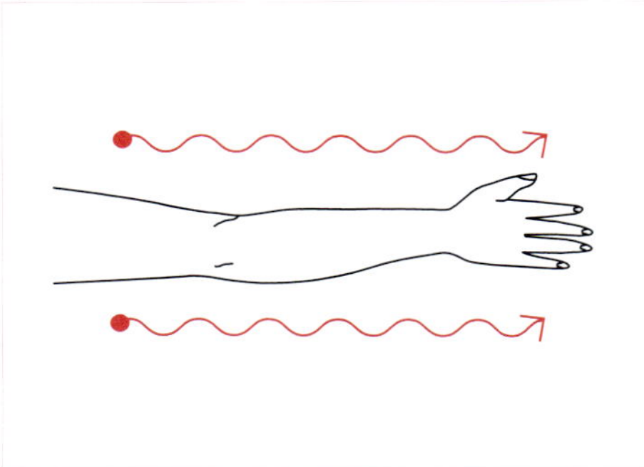

4 손목 잡고 떨어주기

손목을 잡고 팔을 잡고 떨어준다.

5 팔 내측, 외측과 손가락 하나하나를 깨끗이 닦아준다.

6 화장솜을 이용하여 토너를 도포한다.

7 마른 타월로 남아있는 습기를 닦아준다.

CHAPTER

07 가슴 관리

1. 가슴 관리의 필요성

가슴은 여성 특유의 신체적 아름다움을 나타내는 미적인 측면에 있어 매우 중요한 신체 부위에 해당한다. 가슴(유방)은 피부와 지방 및 유선으로 구성되어 있으며, 매뉴얼 테크닉을 통하여 탄력 증진 및 혈액순환을 촉진한다.

2. 목적 및 효과

① 가슴(유방)의 탄력 증진 및 혈액순환 촉진
② 내분비 기능을 정상화하는데 도움

3. 유의 사항

① 생리 전, 후에는 강한 압력은 피하는 것이 좋다.
② 임신 기간에는 가슴의 매뉴얼 테크닉을 피하는 것이 좋다.

4. 가슴의 매뉴얼 테크닉

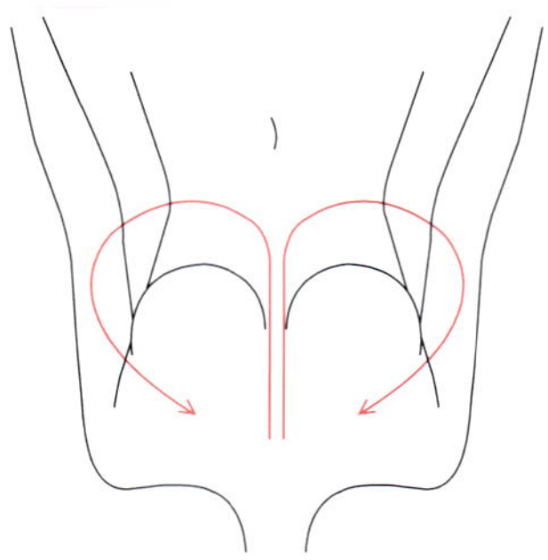

1 손바닥으로 가슴 쓰다듬기

손바닥을 이용하여 가슴을 쓰다듬는다.
유두는 닿지 않도록 한다.

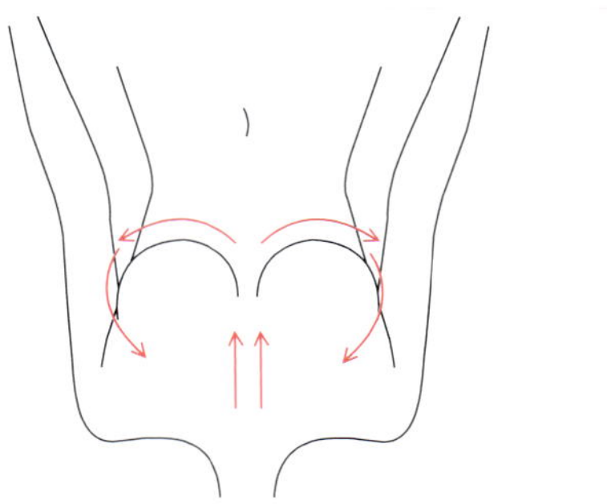

2 엄지로 가슴 중앙을 지나 가슴 아랫부위 쓸어주고 위로 쓸어올리기

엄지로 가슴 중앙부터 가슴 아랫 부위까지 쓸어 내린 후 올려 준다.

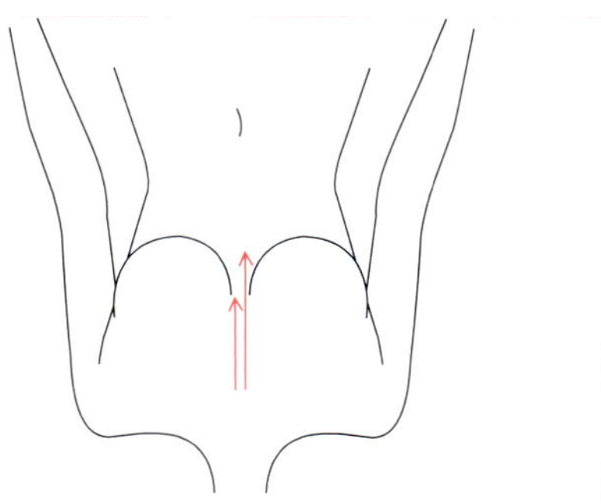

3 손바닥으로 가슴 중앙 쓸어내리기

양 손가락을 번갈아 가슴 중앙을 쓸어내린다.

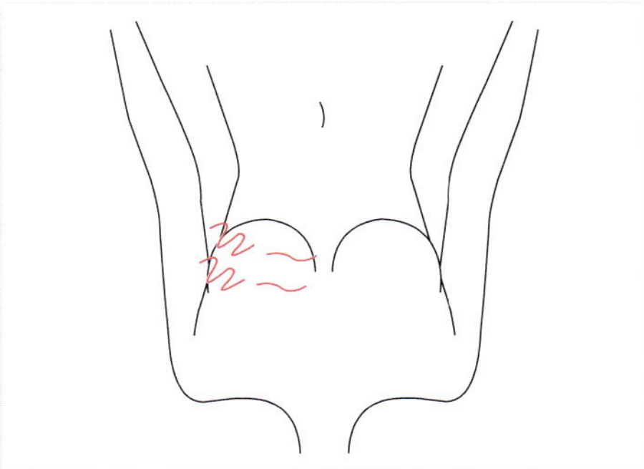

4 양손으로 가슴 떨어주기

양손을 이용하여 가슴을 모아주듯 떨어준다.

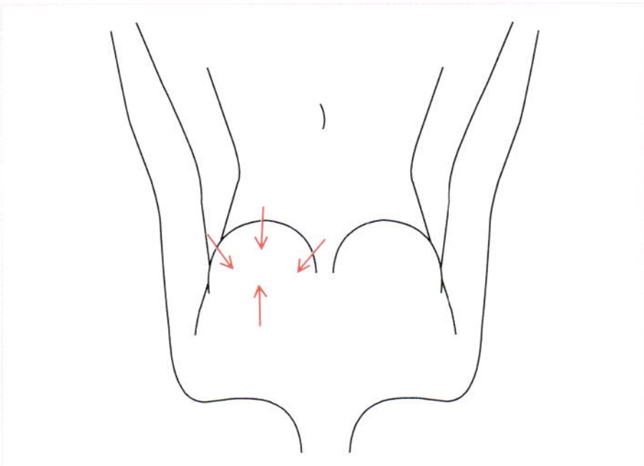

5 손바닥으로 가슴 모아주고 빼주기

양손바닥을 이용해 한쪽씩 가슴을 모아주어 빼준다.

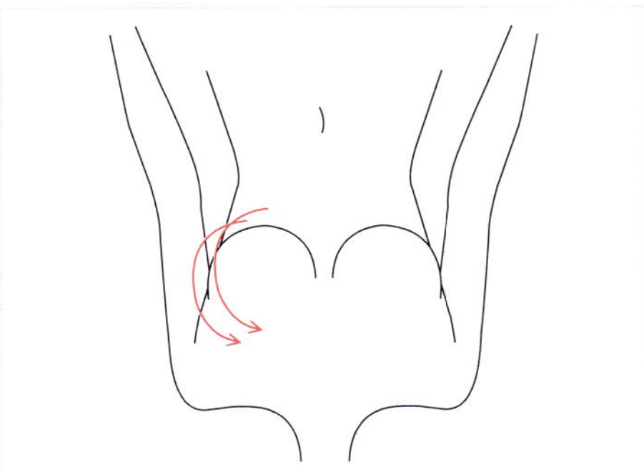

6 양손 번갈아가며 쓸어주기

손바닥을 이용해 한쪽씩 번갈아가며 가슴을 위로 쓸어 올린다.

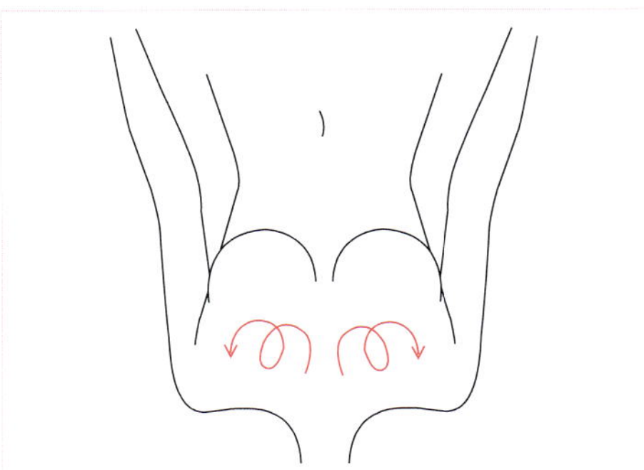

7 엄지 볼을 이용하여 대흉근 둥글리기

양 엄지볼을 이용하여 대흉근을 둥글려 준다.

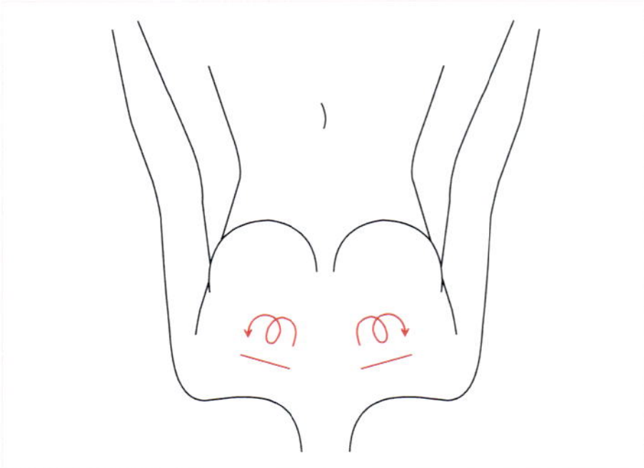

8 엄지로 쇄골 아랫부위 둥글려주기

양엄지로 쇄골 밑을 둥글려 준다.

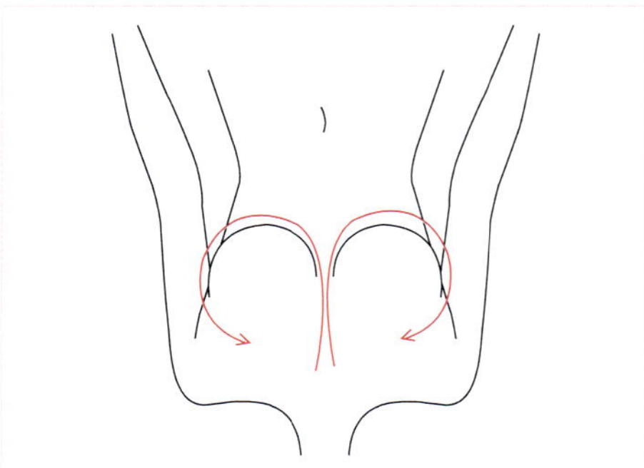

9 손바닥으로 가슴 쓰다듬기

1번과 동일.

5. 습포 동작

① 온 습포를 가슴에 올리고, 가볍게 전체적으로 집어준다.

② 깨끗이 닦아낸다.

CHAPTER

08 둔부 관리

1. 둔부의 매뉴얼 테크닉

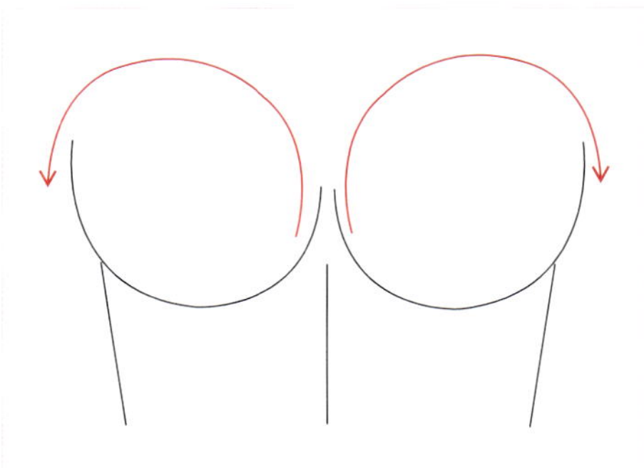

1 전체 쓰다듬기

손바닥을 이용해 엉덩이를 쓰다듬는다.

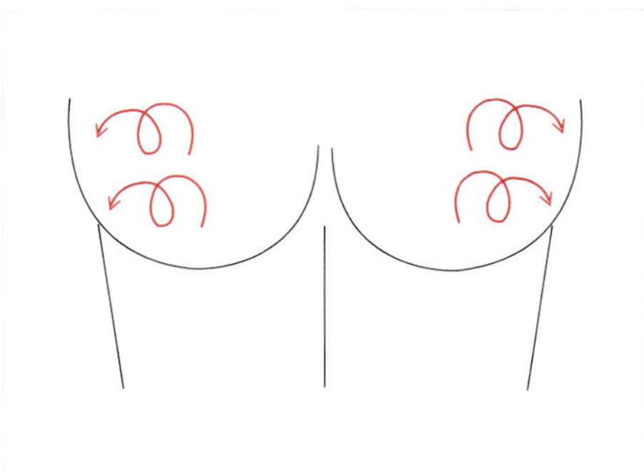

2 엄지로 둥글리기

엉덩이 중앙 부위에서 밖으로 빼주듯 엄지로 둥글려 준다.

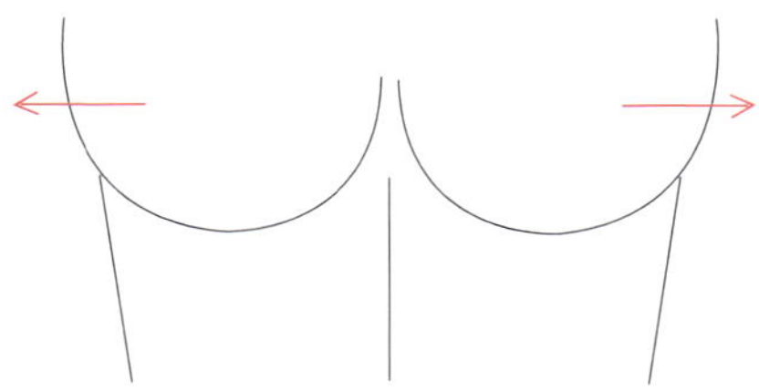

3 측면 바깥쪽으로 빼주기

손바닥을 이용하여 체중을 실어 바깥쪽으로 빼주듯 쓸어준다.

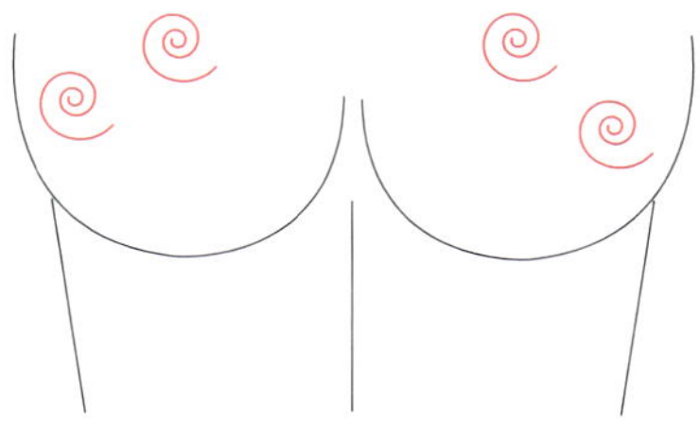

4 손바닥으로 눌러주기

손바닥으로 체중을 실어 눌러준다.

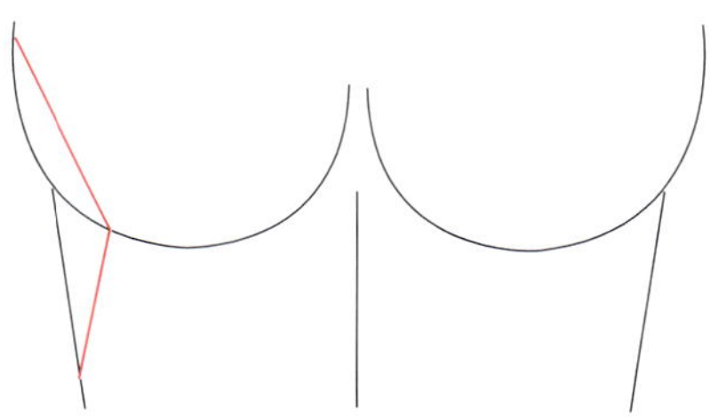

5 전완으로 엉덩이 끌어올리기

전완을 이용하여 엉덩이를 끌어 올려준다.

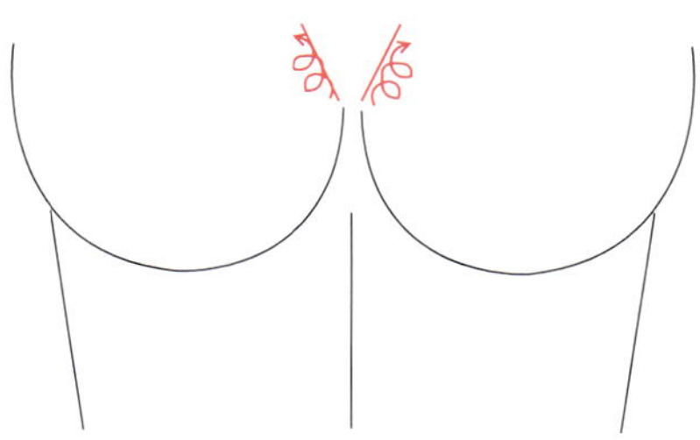

6 엄지로 천골 부위 둥글리기

양 엄지로 천골 부위를 둥글려 준다.

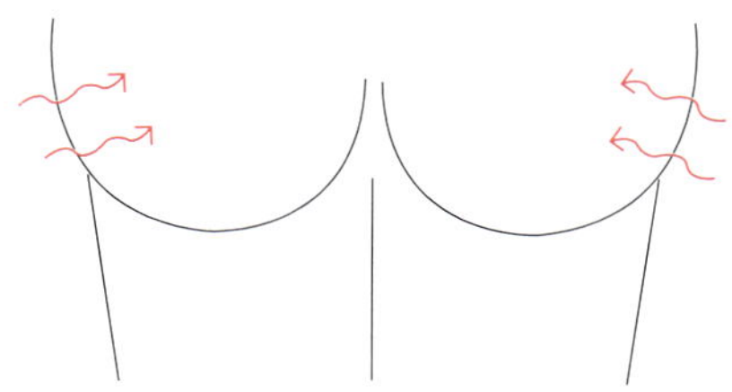

7 엉덩이 떨어주기

손바닥을 이용해 엉덩이를 모아주듯 떨어준다.

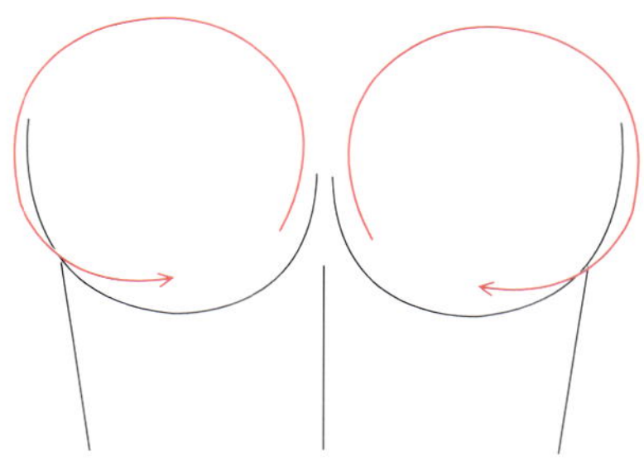

8 전체 쓰다듬기

1번과 동일.

2. 습포 정리

① 온 습포를 엉덩이 전체에 포근히 감싸 둥글려준다.
② 깨끗이 닦아준다.

CHAPTER

09 제모

제모란 신체에 있어서 불필요한 털(모발)을 제거하는 방법으로 솜털에 의해 화장품이 피부에 잘 밀착되지 않을 때, 또는 노출 부분에 털이 많아 외관상 아름답지 못할 때 실시한다.

1. 제모의 목적 및 효과

(1) 미용상, 미관상 불필요한 털을 제거하는 것
(2) 매뉴얼 테크닉 효과 상승
(3) 미용상 아름답고 매끄러운 효과

2. 제모의 종류

1) 일시적 제모(depilation)

① 털을 일시적으로 제거하는 방법
② 모간만 제거 : 면도(shaving), 커팅(cutting), 제모크림
③ 모근까지 제거 : 왁스(wax), 족집게(plucking)

2) 영구적 제모(epliilation)

① 전기적인 기기를 이용하여 영구적으로 털을 제거
② 모발의 생장 기회를 없애는 방법
③ 모유두 제거
④ 방법 : 전기바늘, 전기분해법(electrolysis), 전기응고법(thermolysis), 레이저 등

3. 왁싱(waxing)

① 끈끈한 제모용 왁싱 제품으로 피부에 도포하여 떼어내는 동작으로 일시적으로 제모하는 방법
② 주기 : 4~6주 간격
③ 필요 물품 : 소독용 알코올, 파우더, 탈지면, 가위, 나무주걱, 진정 제품, 제모용 왁스, 왁스 워머(wax warmer), 면 패드(혹은 스트립), 클렌징

1) 왁스를 이용한 제모 방법

(1) 온 왁스(warm wax)

1 면 밴드(혹은 부직포) 준비

면 밴드(혹은 부직포)를 적당한 크기로 잘라 준비한다.

2 제모할 부위 소독하기

일회용 위생장갑을 끼고 알코올을 묻힌 화장솜을 이용하여 제모할 부위를 소독한다.

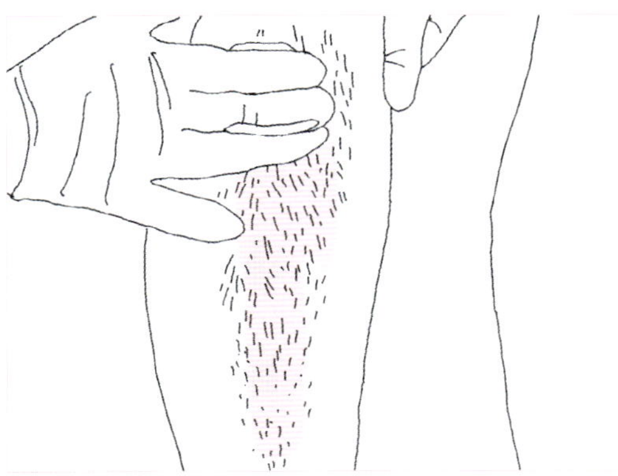

3 탈컴 파우더 도포하기

탈컴 파우더를 털의 반대 방향으로 도포한다.

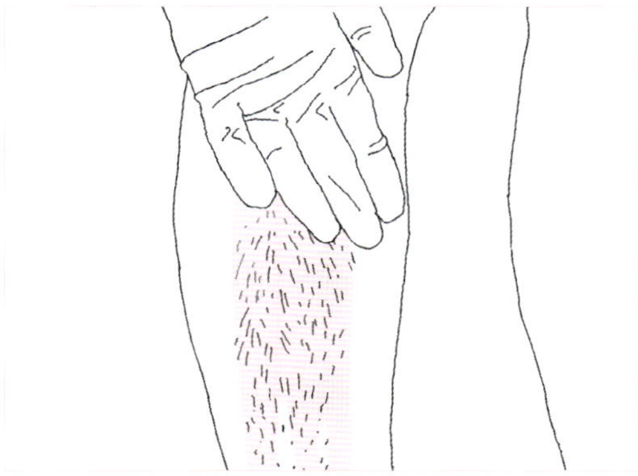

4 왁스 온도 체크하기

소량의 왁스를 손목 안쪽에 덜어 온도를 체크한다.

5 털이 난 방향으로 왁스 도포하기

제모할 부위에 나무 주걱을 이용하여 털이 난 방향으로 45도 각도로 얇게 도포한다.

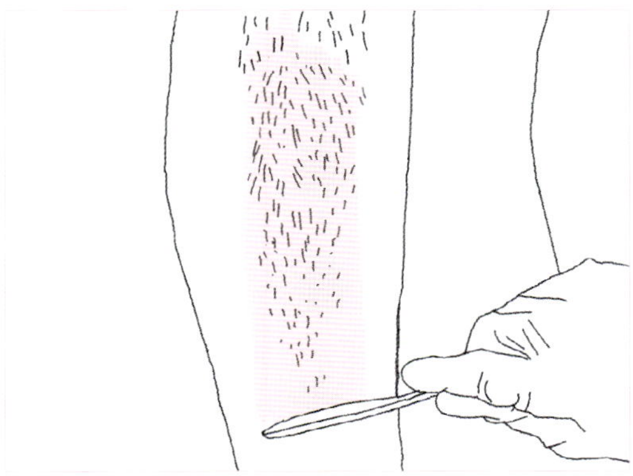

6 면 밴드(혹은 부직포) 붙이기

면 밴드(혹은 부직포)를 왁스가 도포된 부위에 위에서 아래로 붙인다.

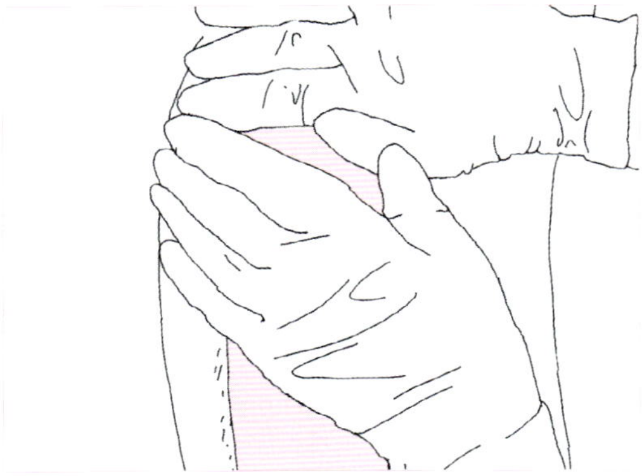

7 털이 난 반대 방향으로 떼어내기

한 손은 다리를 고정하고 다른 한 손으로 면 밴드(혹은 부직포)를 잡고 털이 난 반대 방향으로 빠르게 떼어낸 후 손으로 눌러준다.

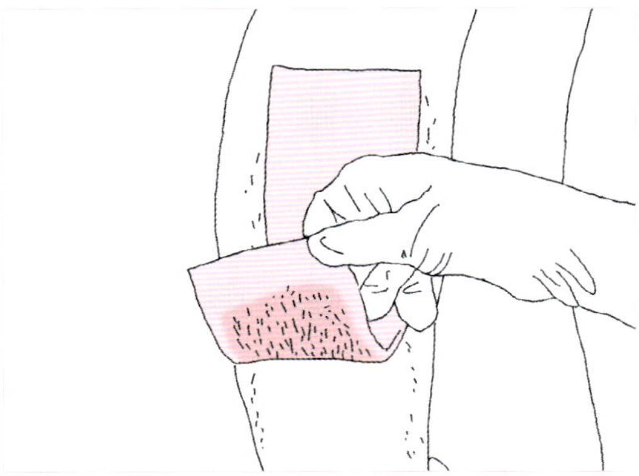

8 왁스 잔여물 정리하기

왁스 잔여물이 남아 있다면 면 밴드를 접어 깨끗한 면으로 살짝 눌러 떼어낸다. 제거되지 않은 잔털은 족집게로 제거한다.

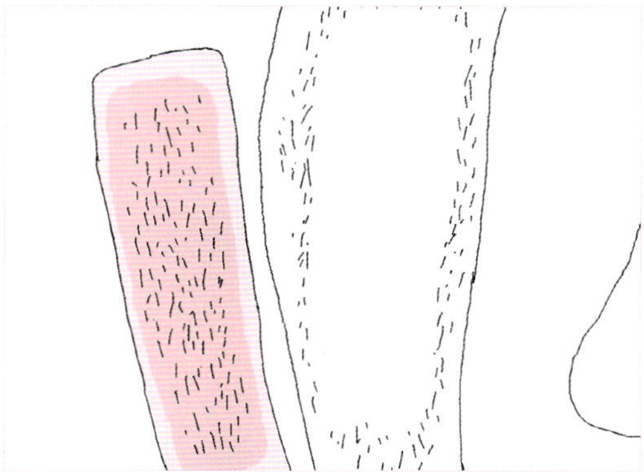

9 냉 습포를 제모한 부위에 얹어 진정시킨다.

10 진정 로션 또는 크림으로 제모 부위에 도포한다.

(2) 냉 왁스(cold wax)

① 실내온도에서 곧바로 사용할 수 있다.
② 굵거나 거센 털은 잘 제거되지 않는 단점이 있다.

2) 유의 사항

① 왁싱 관리 후 48시간 이내에 피부를 태양에 노출하지 말아야 한다.

② 24시간 이내에 수영장이나 사우나 이용을 하지 않는다.

③ 향이 강한 로션, 향수, 데오도란트 사용을 자제한다.

④ 열관리나 자극을 주는 관리를 받지 않도록 한다.

⑤ 온 왁스는 지나치게 뜨거워서는 안 되므로 반드시 고객의 피부에 왁스를 바르기 전에 손목 안쪽에 시험한다.

⑥ 제모를 피해야 할 경우
당뇨병 환자, 정맥류 등 순환기 장애가 있는 사람, 간질 환자, 피부질환 및 사마귀, 점, 상처 부위, 선탠 직후, 민감한 피부, 생리 전후, 임신 중, 사우나 직후 등

CHAPTER

10 림프 드레이니지

1. 림프계의 이해

1) 림프계

① 인체의 면역계를 형성하는 방어기전

② 모세혈관에서 흡수되지 않는 체액을 흡수하여 심장으로 이동시켜 몸의 체액 균형 유지

③ 림프의무물질(LYMPH -OBILIGATORY-LOAD) 제거

④ 림프절에서 이물질을 여과 및 림프의 농축, 림프구를 첨가한 후 심장 가까이 있는 큰 정맥으로 합류

⑤ 림프관이 막히면 단백질 환류에 장애가 초래되어 체액의 불균형 상태를 초래(부종)

⑥ 정맥과 나란히 존재

⑦ One-way system

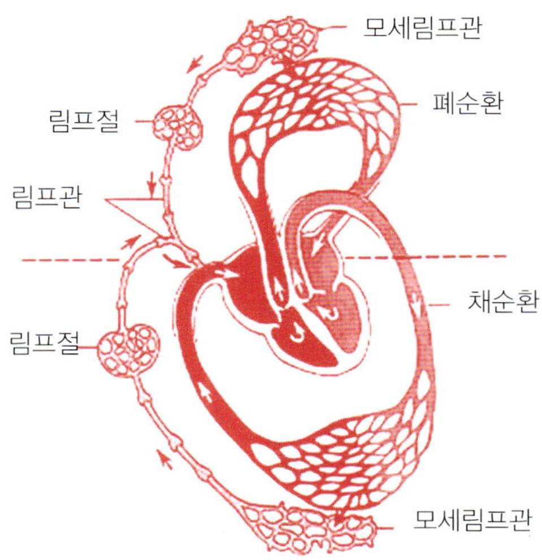

2) 림프의 주요 성분

림프관에 유입된 조직액은 그 성분의 화학적 변화를 거치면서 조직액으로 불리지 않고 림프로 불리는데, 림프는 1일 2~4리터 형성, 더울 때 그 양이 증가하며, 추울 때는 감소한다.

① 혈장 단백질(protein load) : 알부민, 알파, 베타, 감마 글로블린, 면역글로블린 등
② 수분(water load) : 모세혈관에 의해 유출된 수분의 80~90%는 정맥으로 재흡수, 나머지 10~20% 림프계로 유입
③ 세포(cell load) : 림프구, 대식세포
④ 긴 사슬 지방산(fat load) : 장에서 흡수된 지방
⑤ 림프 안의 다른 물질들 : 사이토카인, 질산화물, 호르몬, 죽은 조직과 노폐물, 먼지, 색소
⑥ 기타 다른 세포들 : 죽은 세포, 돌연변이 세포, 염증 시 다른 조직에서 림프로 들어오는 세포(비만세포, 호산구)

3) 림프관의 구조

① 내피세포, 평활근, 결합조직으로 둘러싸임
cf. 모세림프관(밸브 없음. 평활근 없음)
전수집림프관(간헐적인 평활근)
수집림프관
림프본관 – 우림프본관(right lymphatic duct) / 흉관(thoracic duct)
② 밸브
③ 림프관의 노선에 따라 림프절이 일정한 간격으로 위치
④ 유미관(소장의 융모에서 시작되는 림프관)은 지방을 흡수

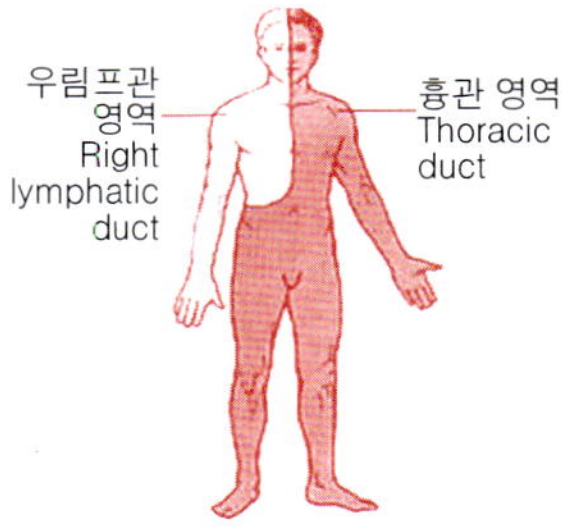

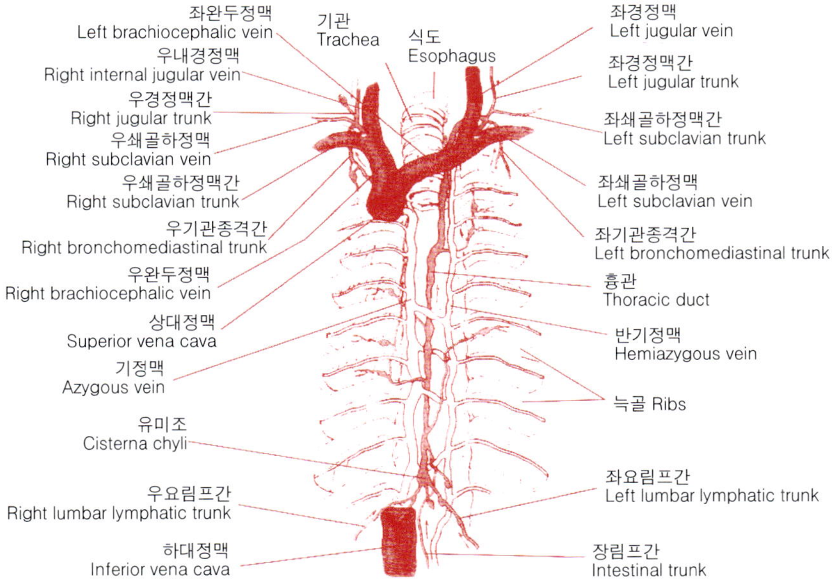

4) 림프의 흐름에 영향을 미치는 요인

① 림프관 주위의 평활근의 수축 : 1분당 6~7번

② 림프관 마디(하부밸브와 그 바로 위 밸브 사이)의 반사작용

③ 복식호흡

④ 동맥혈관계의 펌프작용

⑤ 근육의 펌프작용

⑥ 연동운동

⑦ MLD

5) 림프절

① 세망조직으로 구성되어, 직경 2~25mm (아욱콩, 핀의 머리)의 림프절은 림프관을 따라 위치

② 500~1,500개의 림프절이 전신에 분포하며, 주로 머리, 목, 겨드랑이, 서혜부, 가슴, 복부, 골반에 존재

③ 림프구 생성, 여과기능, 면역계 기능, 림프의 농축의 역할

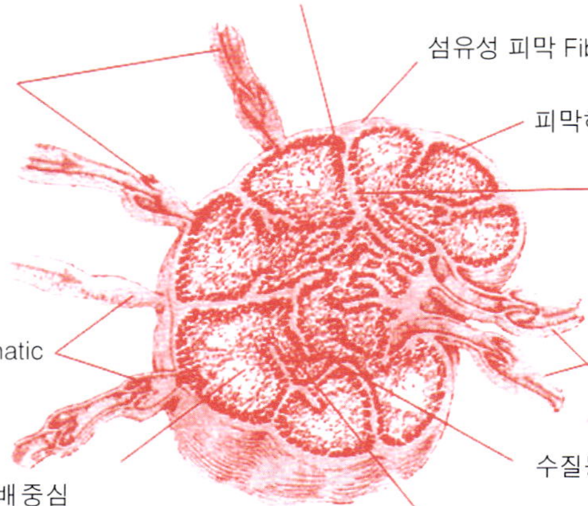
피질동 Cortical sinus
수입림프관
Afferent
lymphatic
vessels
섬유성 피막 Fibrous capsule
피막하동 Subcapsular sinus
소주
Trabecula
수입림프관
Afferent lymphatic
vessels
수출림프관
Efferent lymphatic
vessels
수질동 Medullary sinus
배중심
Germinal center
수삭 Medullary cord

〈얼굴의 주요 림프절〉

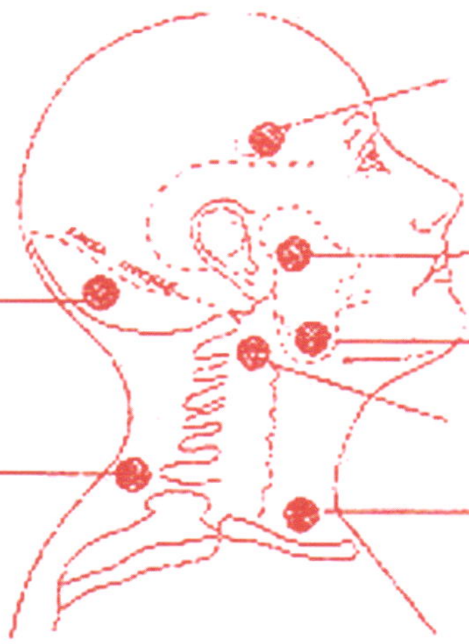
템포라시스
파로티스
악시(옥시)푸트
앵겔루스
프로펀더스
트라페지오스
터미누스

2. Manual Lynph Drainage의 이해

1) 매뉴얼 림프 드레이니지(Manual Lymph Drainage)

① 1930년 덴마크의 Dr. Vodder 에 의해 최초로 창안
② 1936년 파리 건강과 미용 박람회에서 처음 발표
③ 1957년 비엔나 시데스코 세계대회에 소개
④ 1967년 보더 박사의 MLD 학회

2) 피부관리 차원에서의 MLD

① 체액의 재흡수를 촉진
② 건강한 피부에 실시하여 림프 순환 촉진
③ 세포의 대사 물질 제거
④ 노폐물 배출을 통한 조직의 영양대사장애 개선을 통한 피부 안색 개선

3) MLD 주의 사항

① 조명은 너무 밝지 않게 하며, 적당히 따뜻한 실내 온도, 소음을 없애고, 침대는 긴장을 풀 수 있는 편안하고 부드러운 촉감으로 선택
② 시술 전 관리사는 손의 청결 유지
③ 클렌징된 고객의 피부에 적용
④ 고객은 모든 근육이 이완된 편안한 자세
⑤ 손과 팔의 긴장 풀기, 손놀림은 가볍게, 정확히, 리듬감 있게 일정한 속도를 유지
⑥ 피부 신장은 최대한으로 하고, 림프 흐름의 방향으로 시행
⑦ 크림, 오일은 사용 하지 않음(매우 건조 시, 소량 사용)
⑧ 주 1~2회 실시, 10~5회 규칙적으로 실시, 마무리 단계에 적용
⑨ 차, 생수를 매일 최소 3~4리터 마심
⑩ 담배 삼가, 잘못된 식습관 개선, 충분한 운동

4) MLD의 적용 피부

① 모든 순환 촉진의 관리 후
② 로사시아, 홍반, 모세혈관 확장
③ 페이스 리프팅 후
④ 두꺼운 다리, 피곤한 다리
⑤ 수술 전,후
⑥ 미용 성형 후
⑦ 자극 피부
⑧ 화농이 많은 여드름 피부
⑨ 부기
⑩ 눈물 주머니
⑪ 수술 후 상처 회복
⑫ 염증성 피부질환
⑬ 비만 관리
⑭ 스트레스
⑮ 유방통증
⑯ 부종 : 고단백 부종

5) MLD 의 금기증

① 심장 박동기 단 사람
② 전염병 : 피부 접촉
③ 급성 염증
④ 알러지
⑤ 치료 안 된 혈전증
⑥ 악성 질병

6) MLD의 상대적 금기증

① 갑상선 기능항진

② 천식
③ 모반
④ 생리기
⑤ 저혈압
⑥ 만성 염증
⑦ 결핵
⑧ 치료된 암
⑨ 임신
⑩ 치료된 혈전증

7) MLD 적용 시 유의점

① 압력의 중요성 : 압력기 – 이완기 – 제로 포인트
② 지속적 관리의 중요성 : 관성질량(inertial mass)
③ 이력 현상의 중요성 : 탄력섬유(rubber elasticity)
④ 말초 부위부터 실시, 압력 30~40mm/Hg, 한 부위에서 5~7회 반복

8) MLD의 기본 동작

① Stationary Circle(정지 상태의 원동작)
② Pump Technique(펌프 기법)
③ Scoop Technique(퍼올리기 기법)
④ Rotary Technique(회전 기법)

3. MLD 테크닉(Dr. Vodder 방식)

목의 트리트먼트

(고객은 반듯하게 눕고, 시술자는 오른쪽에 위치)

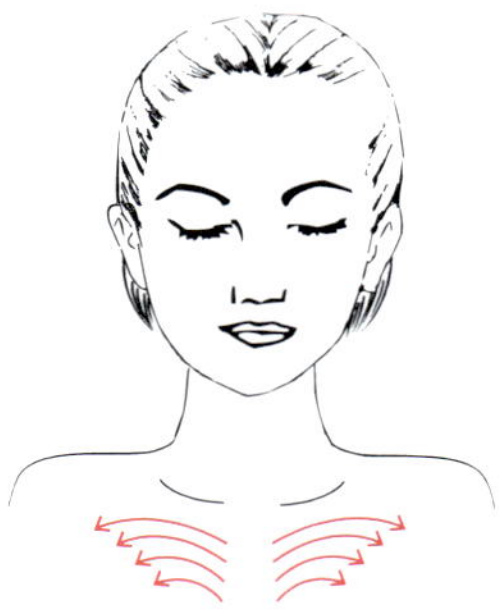

1 쓰다듬기

흉골에서 겨드랑이 쪽으로 엄지를 사용하여 5번의 팬 모양의 쓰다듬기를 한다. 마지막은 쇄골을 따라서 쓰다듬는다. 1회

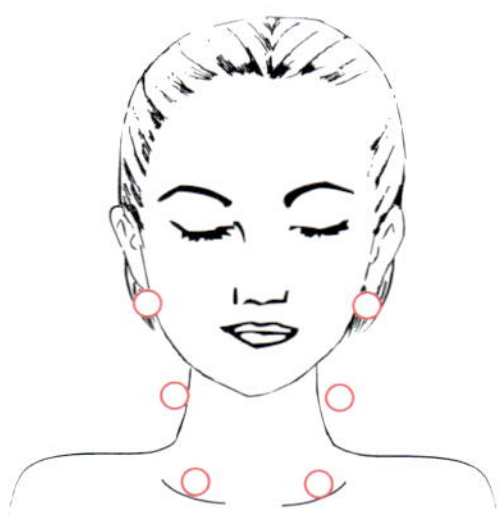

2 목 림프절

profundus, middle, terminus까지 3 부위로 나누어, 각각 5번의 정지 상태의 원 동작을 한다. 3회

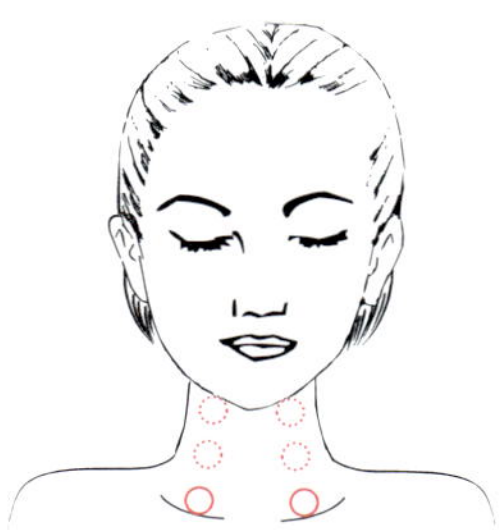

3 후두부

두개골 아랫부위인 후두부에서 시작하여 목덜미 중간, terminus까지 3 부위로 나누어, 각각 5번의 정지 상태의 원 동작을 한다. 3회

4 하악골

턱 끝에서부터 하악골까지 3 부위, 그리고 profundus, middle, terminus까지 각각 5번의 정지 상태의 원 동작을 한다. 3회

5 포크 테크닉

집게손가락을 사용하여 parotis 앞부분에, 나머지 손가락은 귀 뒤쪽에 위치, 그리고 profundus, middle, terminus까지 5번의 정지 상태의 원 동작을 한다. 3회

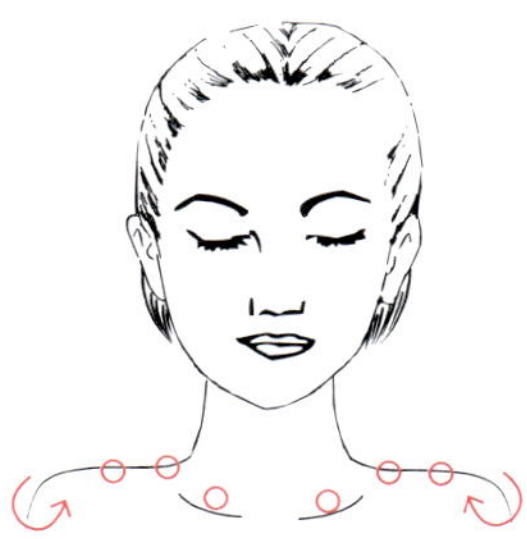

6 어깨/승모근

어깨봉 위를 손 전체를 사용하여 피부를 움직이고 네 손가락을 평편하게 하여 승모근 2 부위, 그리고 terminus까지 각각 5번의 정지 상태의 원 동작을 한다. 3회

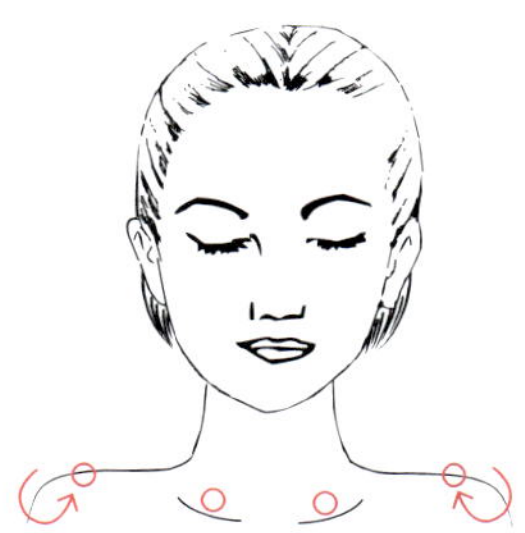

7 어깨/견봉

어깨봉에서 시작하여 견봉, 그리고 terminus까지 각각 5번의 정지 상태의 원 동작을 한다. 3회

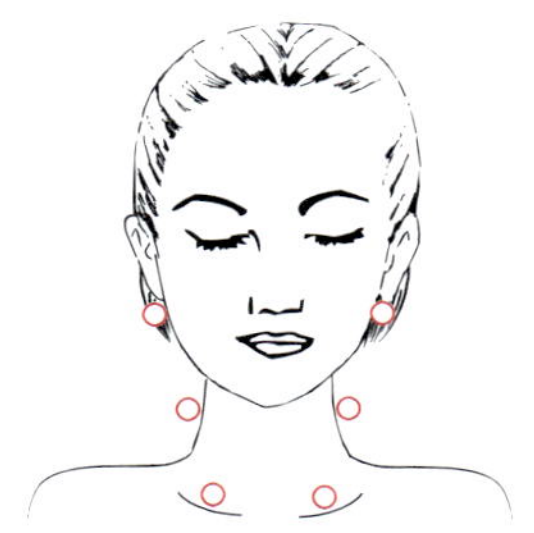

8 2번 동작

5번의 정지 상태의 원 동작을 한다. 1회

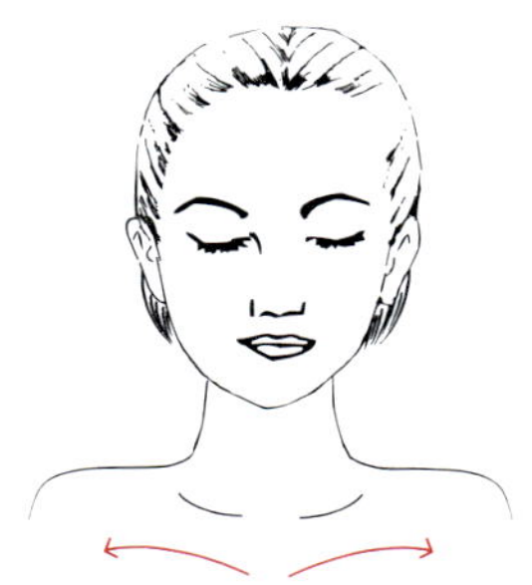

9 마무리

쓰다듬기 1회

얼굴의 트리트먼트

(고객은 반듯하게 눕고, 시술자는 고객의 머리 뒤쪽에 위치)

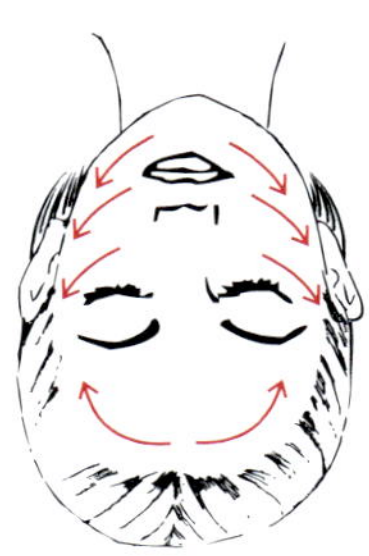

1 쓰다듬기

엄지 또는 다른 손가락을 입술 아래, 윗입술 위, 코, 뺨, 이마를 평행하게 쓰다듬는다. 1회

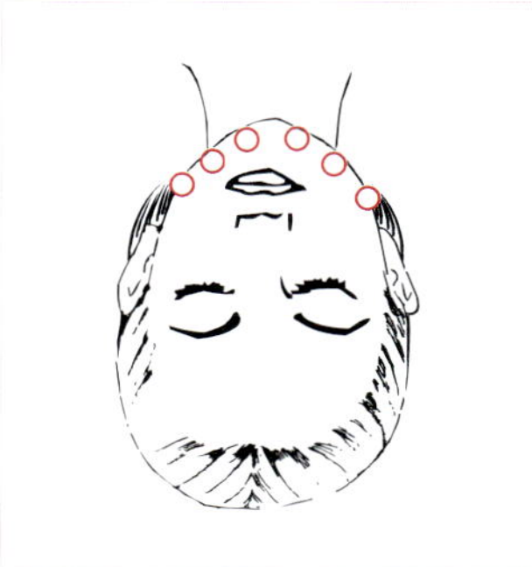

2 하악골

입술 아래 턱의 중앙에서 시작하여 하악골, 턱의 각진 부분으로 5번의 정지 상태의 원 동작을 한다. 3회

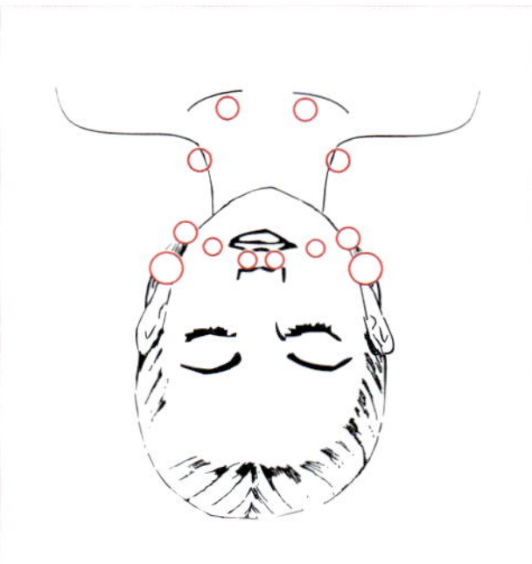

3 윗입술

윗입술 중앙에서부터 입 가장자리, 턱의 각진 부분으로 5번의 정지 상태의 원 동작을 한다. 3회
그 다음 profundus, middle, terminus까지 5번의 정지 상태의 원 동작(terminus에서는 검지 사용)을 한다. 1회

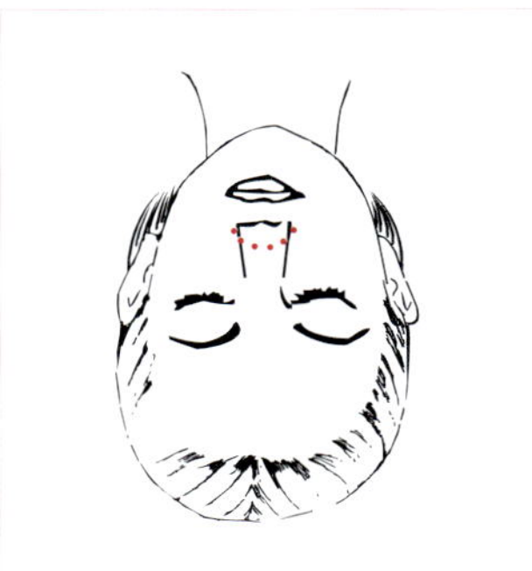

4 코

① 중지 또는 검지를 사용하여 측면에서 코끝에서 콧방울 말단까지 3 부위로 나누어 5번의 정지 상태의 원 동작을 한다. 3회

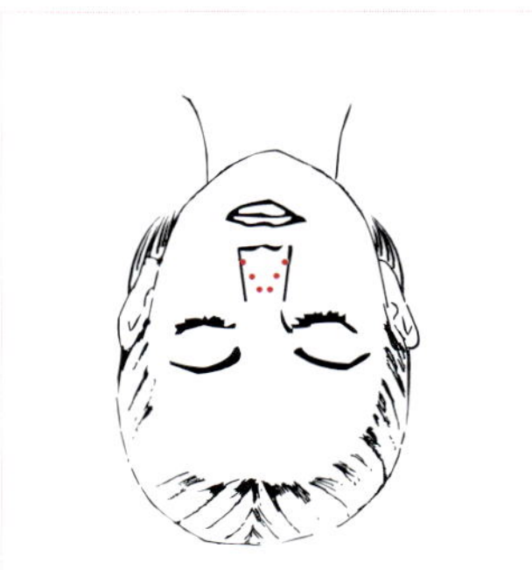

② 중지 또는 검지를 사용하여 코 중간에서 3 부위로 나누어 측면으로 5번의 정지 상태의 원 동작을 한다. 3회

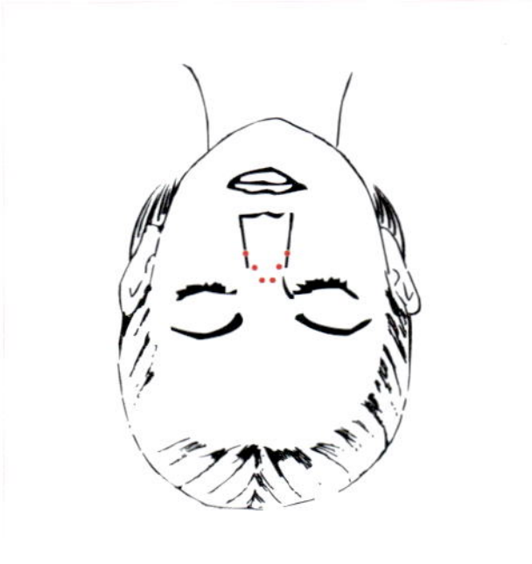

③ 중지 또는 검지를 사용하여 코 윗부분에서 3 부위로 나누어 측면으로 5번의 정지 상태의 원 동작을 한다. 3회

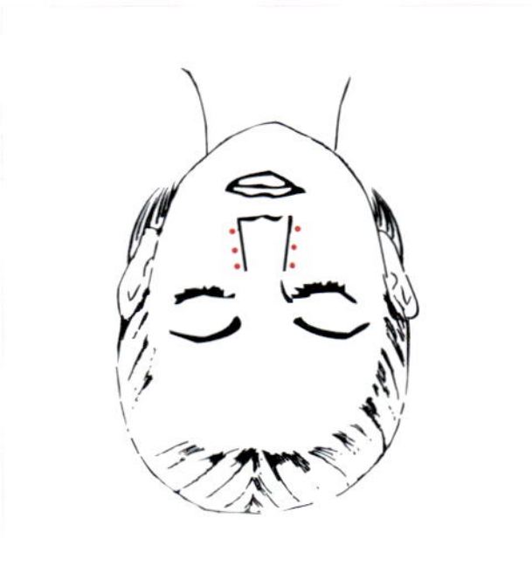

④ 중지 또는 검지를 사용하여 코 윗부분에서 콧구멍까지 코의 측면을 아래 방향으로 3부위로 나누어 5번의 정지 상태의 원 동작을 한다. 1회

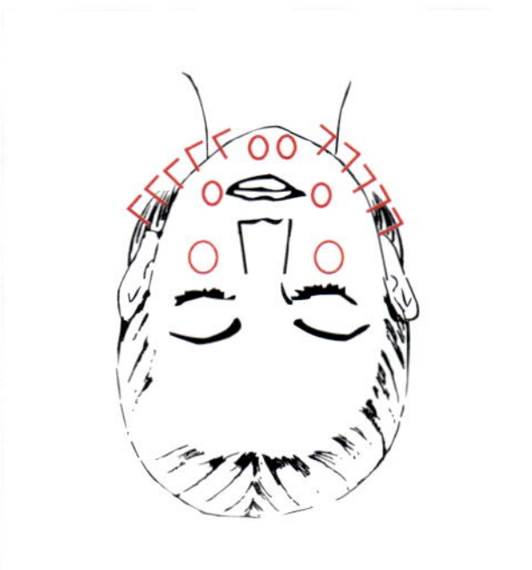

5 긴 여행

뺨, 입 가장자리, 턱 끝의 3 부위를 5번의 정지 상태의 원 동작을 한다.

그 다음 턱 아래에서 profundus까지 5 부위로 나누어 나선형 동작을 한다. 3회

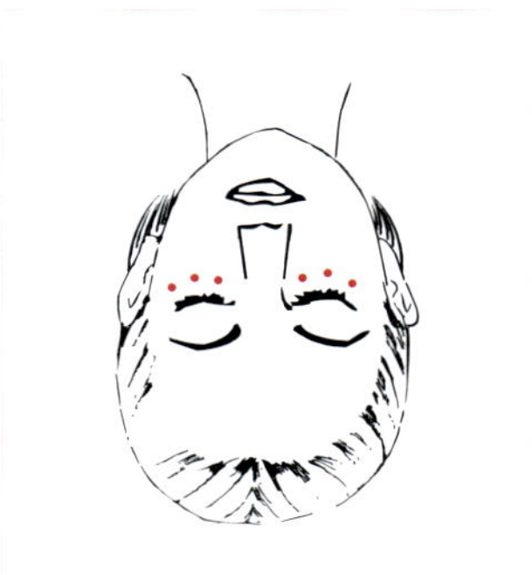

6 눈

① 눈물낭을 3 부위로 나누어 5번의 정지 상태의 원 동작을 한다(위에서 실시했던 압력의 반으로). 3회

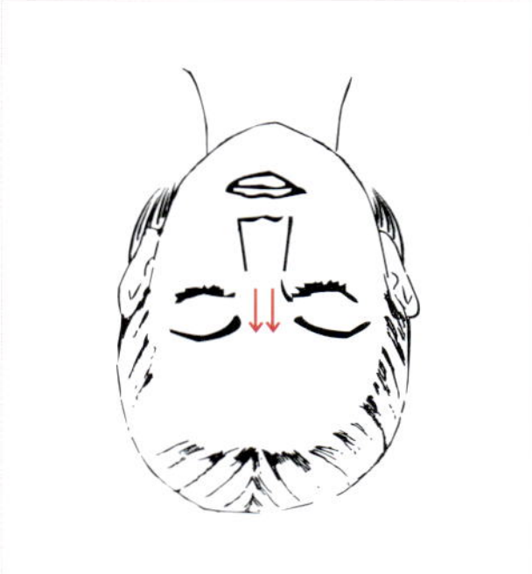

② 코 윗부분을 검지로 끌어당기기. 3회

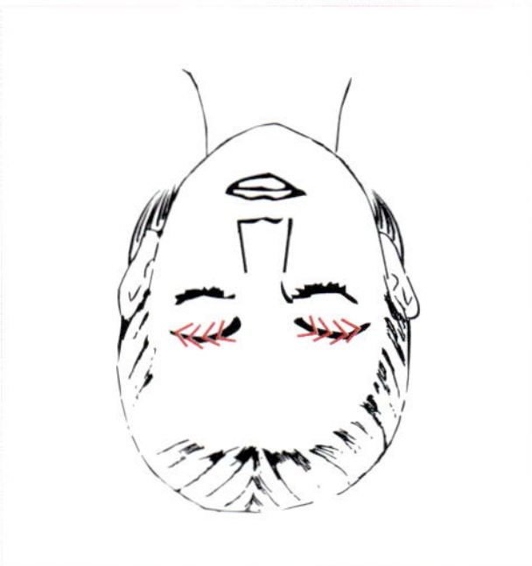

③ 눈썹을 엄지와 검지를 사용하여 5 부위로 나누어 가볍게 짜기 동작을 한다. 3회

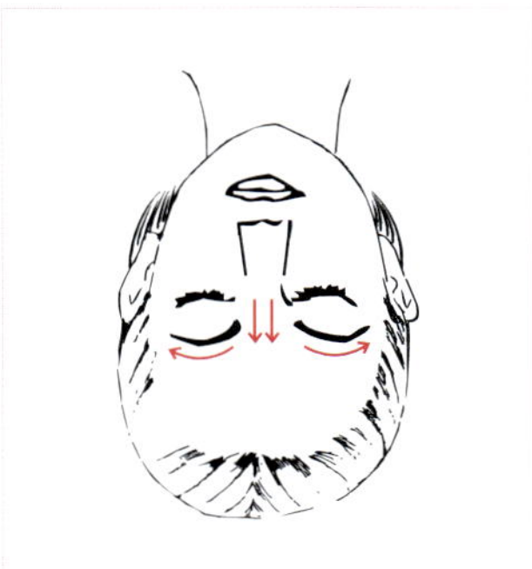

④ 코 윗부분을 엄지로 끌어당기고, 미간에서 엄지에 압력을 주지 말고 손을 회전시킨 후 눈썹 전체를 감싸 돌린다. 3회

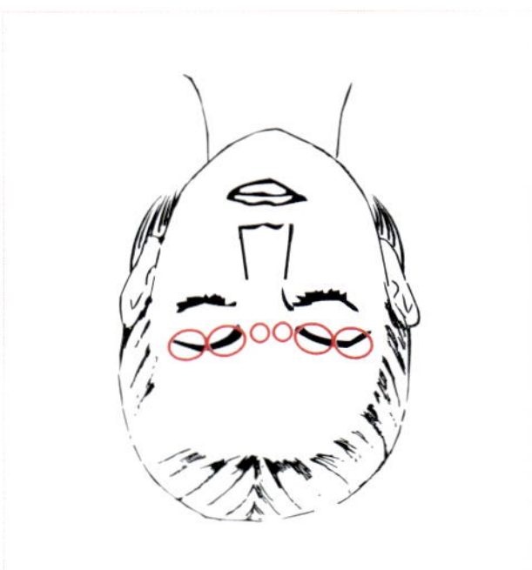

7 눈썹

검지를 사용하여 눈썹 사이에서 시작하여 5번의 정지 상태의 원 동작을 한다. 그 다음 네손가락으로 눈썹을 2 부위로 나누어 5번의 정지 상태의 원 동작을 한다. 3회

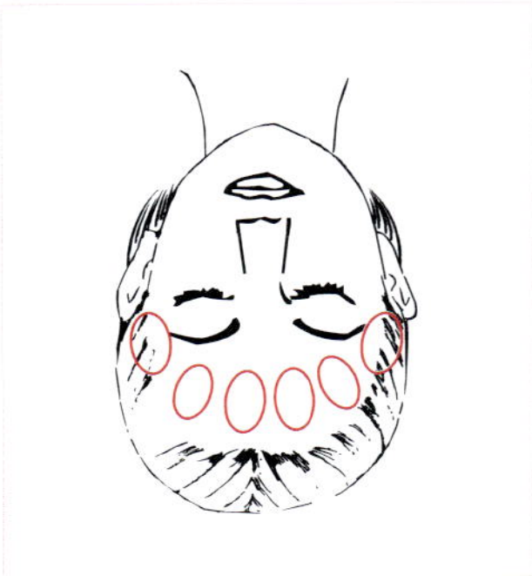

8 이마

이마 중간에서 관자놀이까지 3 부위로 나누어 5번의 정지 상태의 원 동작을 한다. 3회

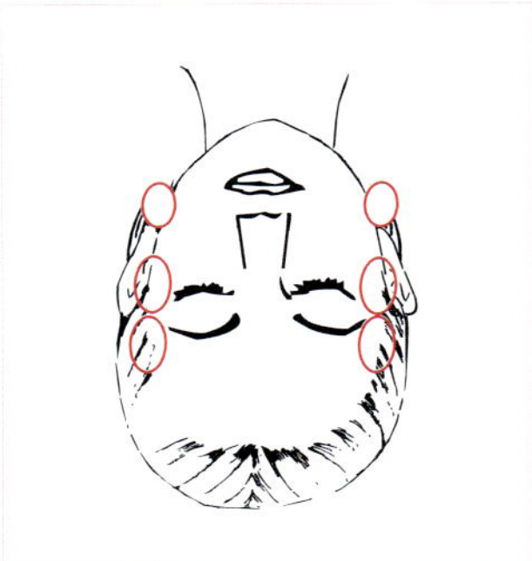

9 머리 측면

귀 앞부분을 2 부위로, 그 다음 profundus로 5번의 정지 상태의 원 동작을 한다. 3회

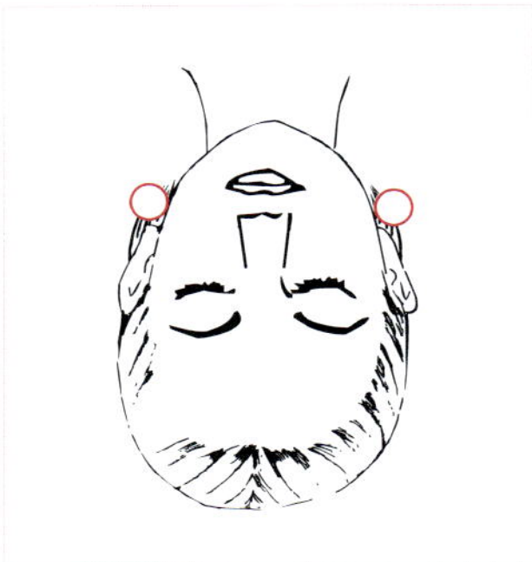

10 profundus

5번씩 4회 이상 정지 상태의 원 동작(저장소를 비우는 동작)을 한다. 1회

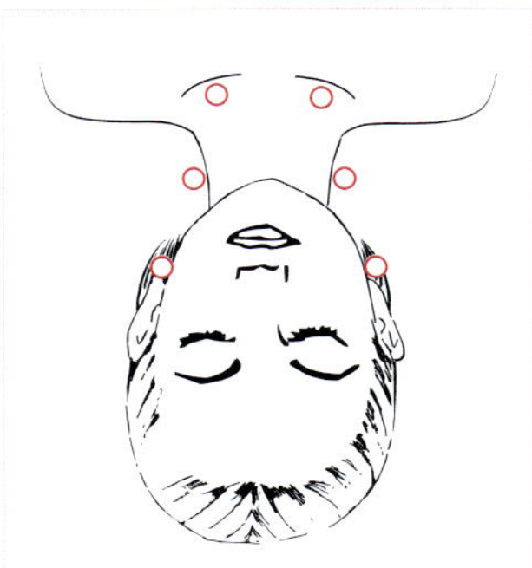

11 목

profundus, 목 중앙, terminus까지 5번의 정지 상태의 원 동작을 한다. 1회

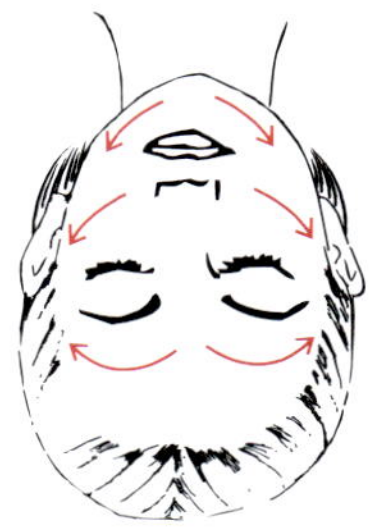

⑫ 쓰다듬기

① 미간에서 관자놀이까지 엄지를 사용하여 쓰다듬는다. 3회

② 컵 모양의 손을 얼굴 전체를 조심스럽게 쓰다듬는다. 3회

③ 측면 쓰다듬기

엄지와 검지를 사용하여 턱에서 턱의 각진 부분까지 쓰다듬는다. 3회

CHAPTER 11 마무리 단계

장시간의 피부미용 과정을 통하여 긴장된 근육을 이완시키고 관리 서비스에 대한 고객 만족도를 최대화하기 위하여 실시한다. 주 동작은 주요 혈점을 자극하거나 두피 매뉴얼 테크닉, 스트레칭을 하는 단계이다.

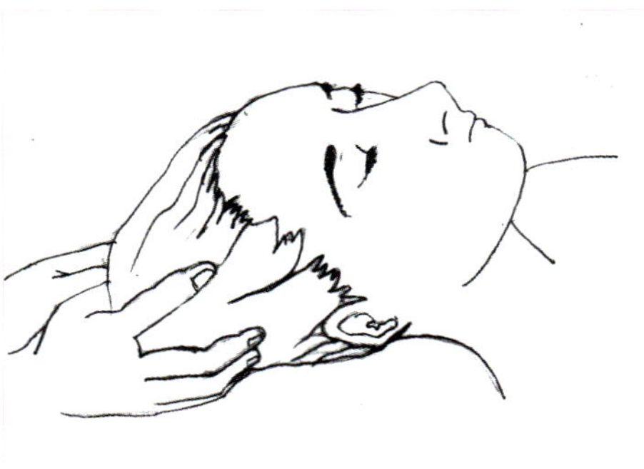

1 머리카락 쓰다듬기

고객의 헤어밴드를 푼 후 지두 부분이 두피에 닿을 수 있도록 머리카락을 쓸어내린다.

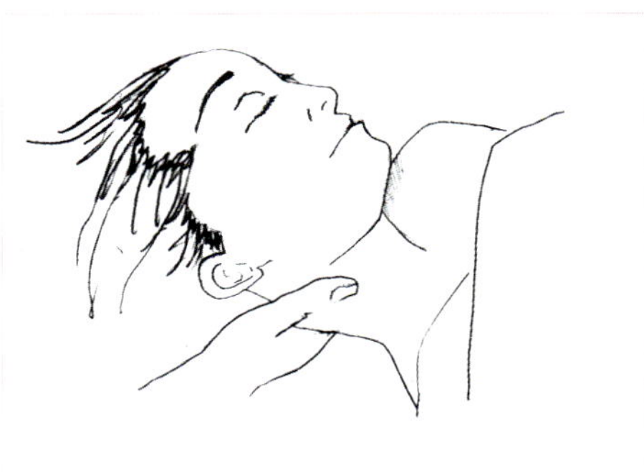

2 후경부 반죽하기

후경부를 세 부위로 나누어 반죽하듯이 주물러 준다.

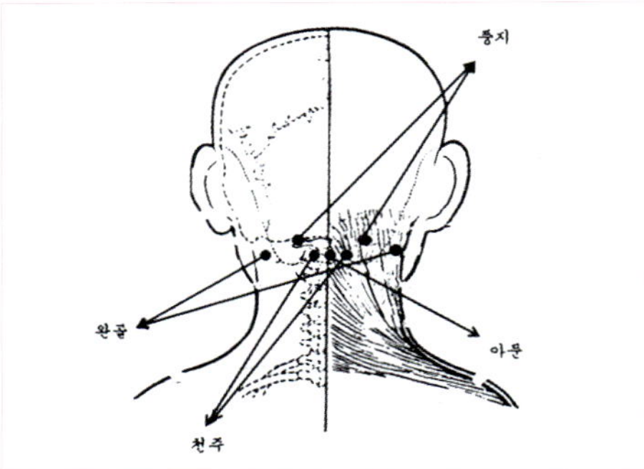

3 아문, 천주, 풍지, 완골 압력주기

아문, 천주, 풍지, 완골 부위에 네 손가락을 이용하여 압력을 준다.

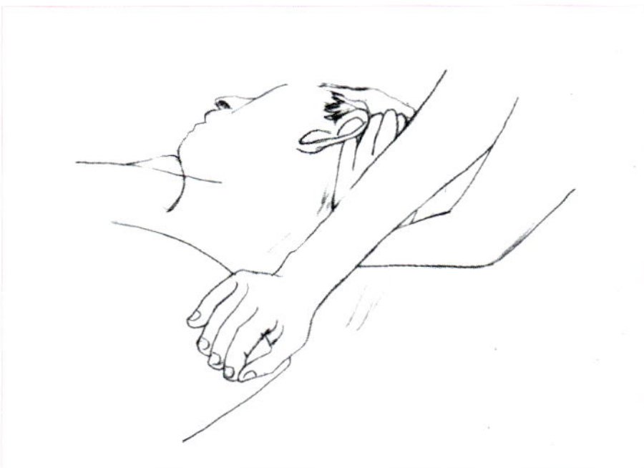

4 목과 어깨 늘려주기

두 손을 엇갈린 상태에서 한쪽 어깨와 후두 부위를 잡고 목과 어깨 부위를 늘려준다.

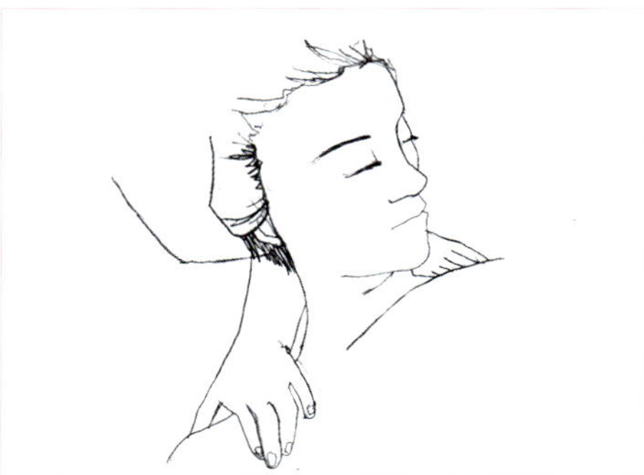

5 목과 어깨 스트레칭

오른쪽 손은 왼쪽 어깨 위에, 왼쪽 손은 오른쪽 어깨 위에 얹어놓고 양손 끝을 살짝 올리면서 지렛대의 힘을 이용하여 견갑 상부를 올려준다.

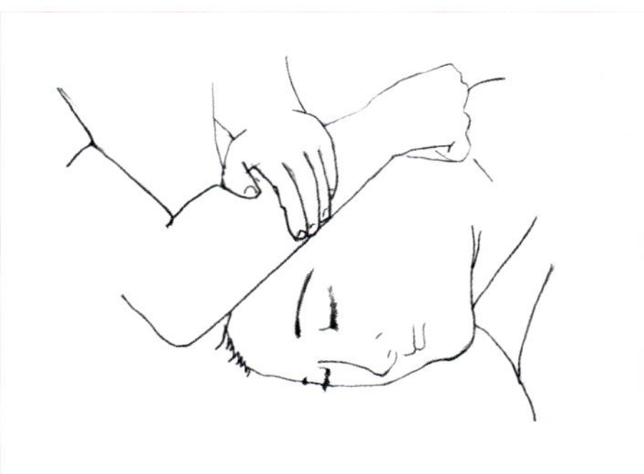

6 안면 측두부 누르기

고개를 옆으로 돌려 측두부를 한쪽 팔로 얹어 놓고 다른 손으로 눌러준다.

7 귀 비벼주기

검지와 중지 사이에 귀를 끼운 후 상하로 왕복하여 비벼준다.

8 귓불, 귓바퀴 문지르기

귓불에서 귓바퀴까지 엄지와 네 손가락을 이용하여 원을 그리면서 문지른다.

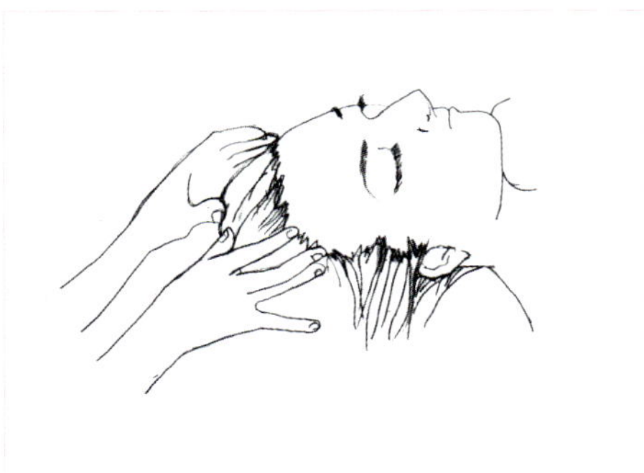

9 두정부 압력 주기

두정부 전체를 가볍게 지압하고 백회는 강하게 지압한다.

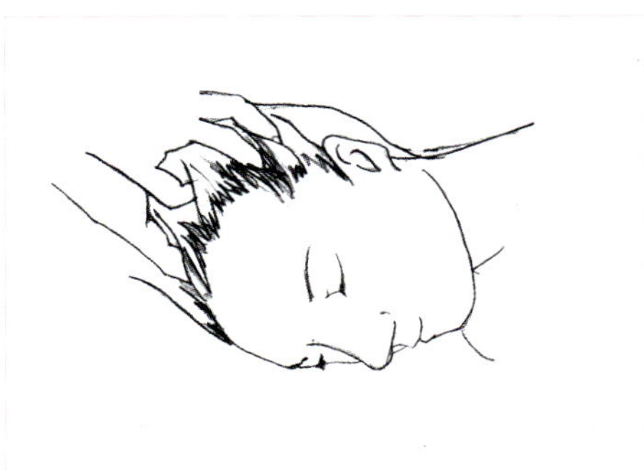

10 두피 튕기기

손가락 지두를 이용하여 두피를 전체적으로 튕겨준다.

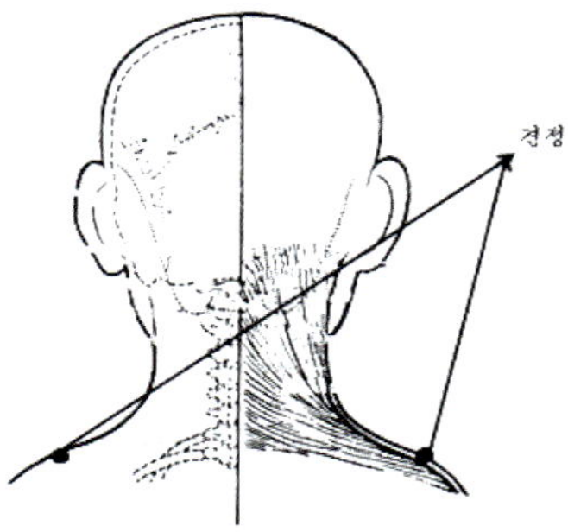

11 견정 압력 주기

견정을 엄지로 번갈아 가면서 압력을 준다.

12 양 어깨 눌러주기

일어서서 양손의 수근을 이용하여 양 어깨를 번갈아 가며 눌러준다.

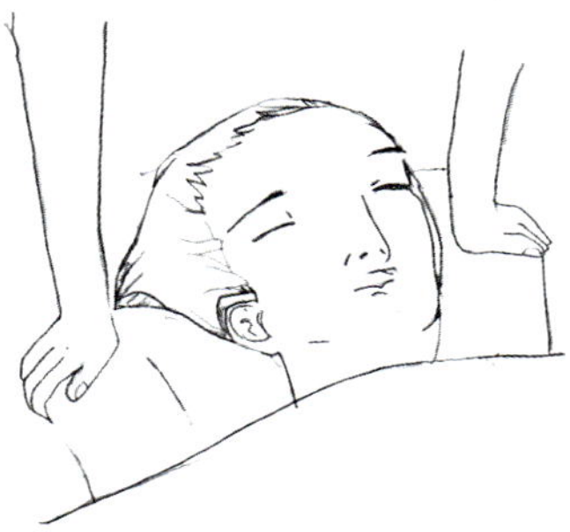

13 상완 부위 누르기

상완 부위를 세 부위로 나누어 몸무게를 실어 지그시 눌러준다.

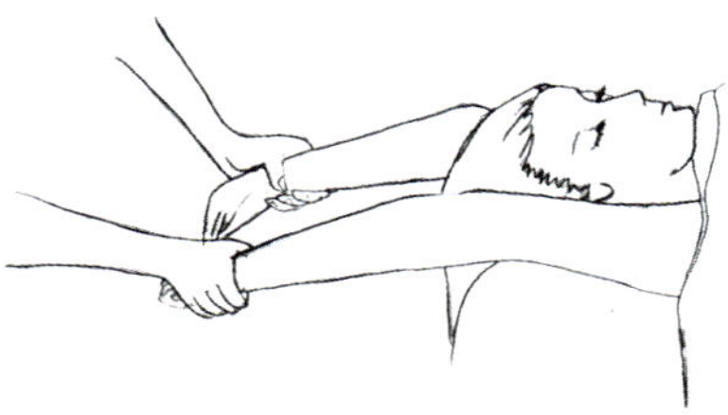

14 팔 스트레칭

고객의 손목을 잡고 한쪽 팔씩 위로 올려주고 난 후 양팔을 수평으로 잡아당긴다.

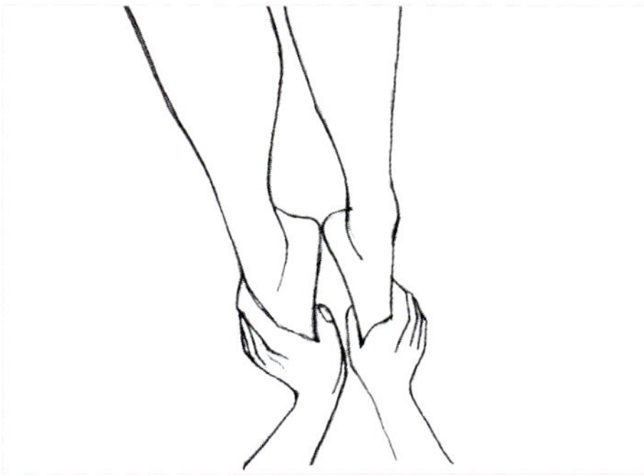

15 발끝 눌러주기

양손바닥으로 발끝을 모아 지그시 눌러준다.

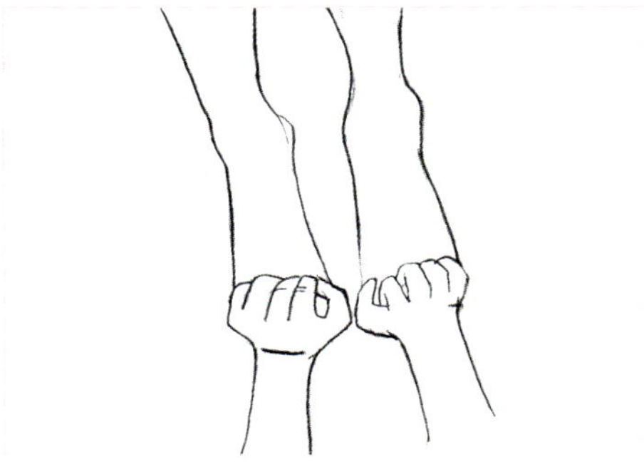

16 발끝 모아 밀어주기

양손바닥으로 발끝을 잡고 앞으로 밀어준다.

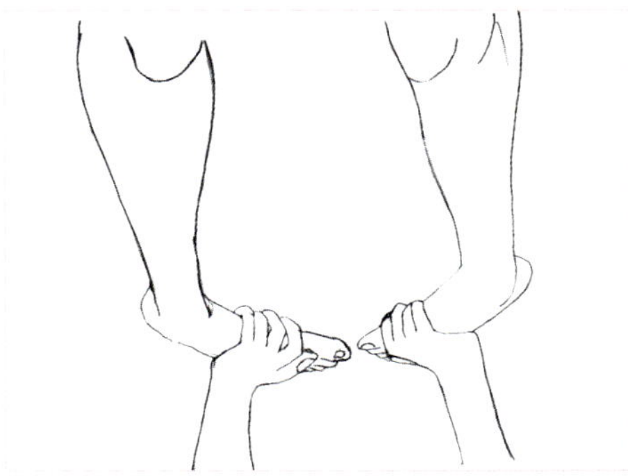

17 발 안쪽으로 눌러주기

양손을 이용하여 발을 안쪽으로 눌러준다.

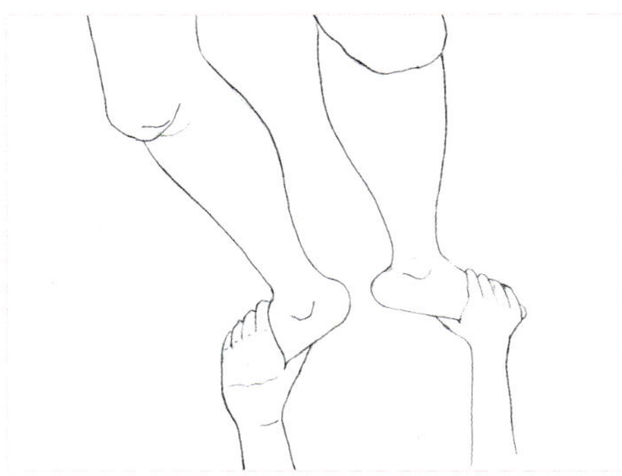

18 발 바깥쪽으로 눌러주기

양손을 이용하여 발을 바깥쪽으로 눌러준다.

19 무릎 굽혀 눌러주기

한쪽 무릎을 굽혀 복부 방향으로 눌러준다.

20 무릎과 골반 스트레칭

한쪽 발바닥을 다른 쪽 무릎에 고정한 상태에서 무릎과 골반을 스트레칭한다.

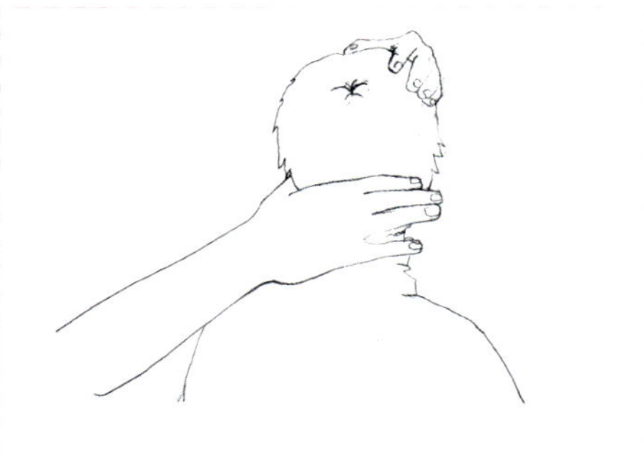

21 후경 부위 풀어주기

고객이 앉은 상태에서 이마에 손을 얹고 다른 손으로 후경 부위를 풀어준다.

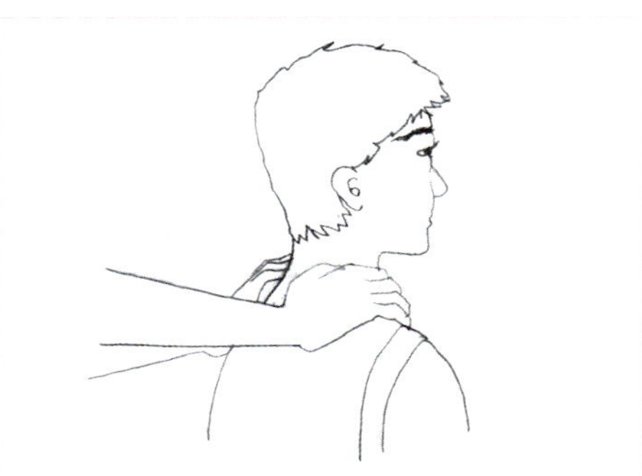

22 승모근 풀어주기

양손으로 승모근을 풀어준다.

㉓ 견갑골 눌러주기

한쪽 어깨를 잡고 다른 손으로 견갑골 주위를 눌러준다.

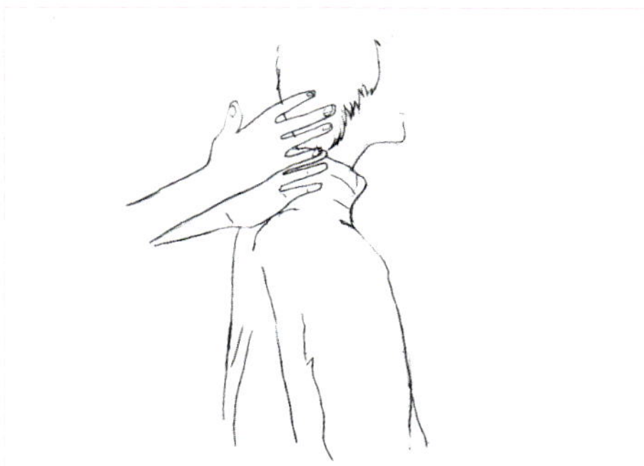

㉔ 어깨 두드리기

손바닥 측면을 사용하여 어깨를 두드린다.

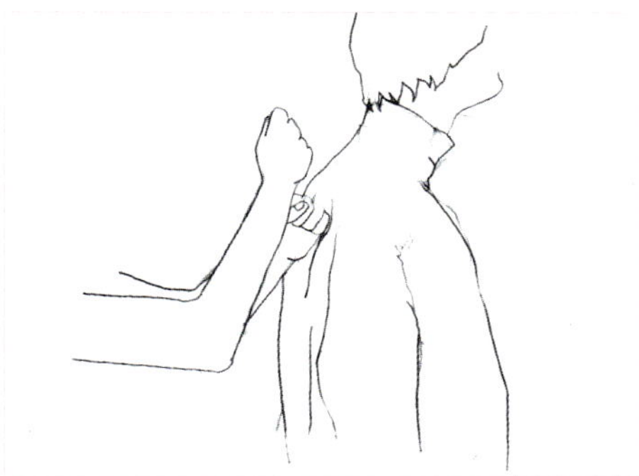

㉕ 등 두드리기

주먹을 사용하여 등을 전체적으로 두드린다.

CHAPTER 12

시팅 매뉴얼 테크닉 (sitting manual technique)

시팅 매뉴얼 테크닉(sitting manual technique)은 말 그대로 고객이 의자에 앉아서 받는 매뉴얼 테크닉을 말한다. 특별한 도구나 재료 없이 의자만 있으면 가능하기 때문에 언제 어디서나 간편하게 시행할 수 있다.

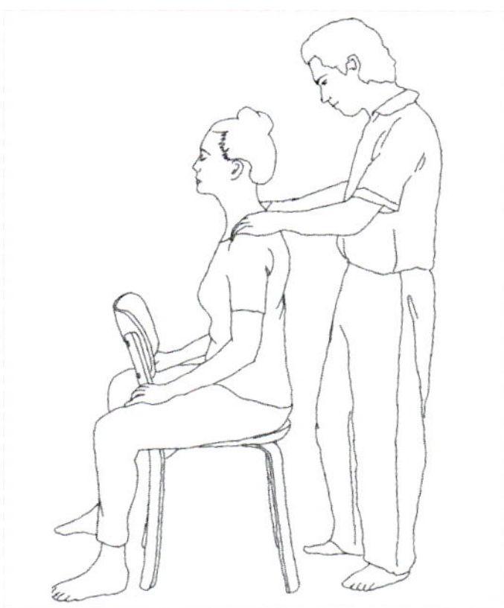

1 승모근 부위 주무르기

고객을 의자에 허리를 펴고 똑바로 앉히고 시술자는 등 뒤에서 양손 끝을 이용하여 승모근 부위를 주물러준다.

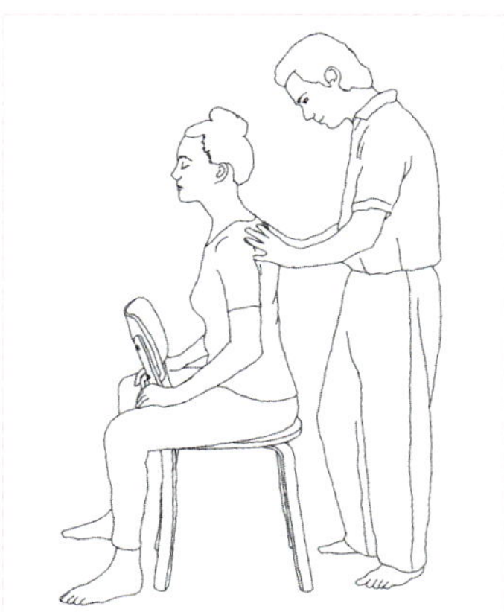

2 경추와 척추 부위 엄지로 마찰하기

양 엄지를 이용하여 원을 그리면서 경추에서부터 척추 부위까지 압력을 준다.

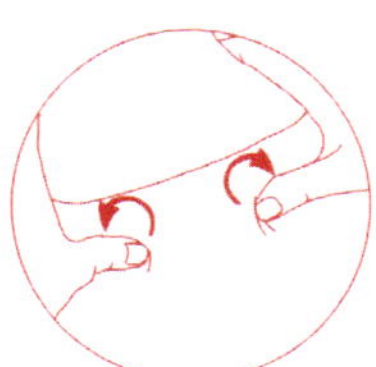

3 어깨 부위 해킹(hacking)

손의 측면을 이용하여 어깨 부위를 두드려준다.

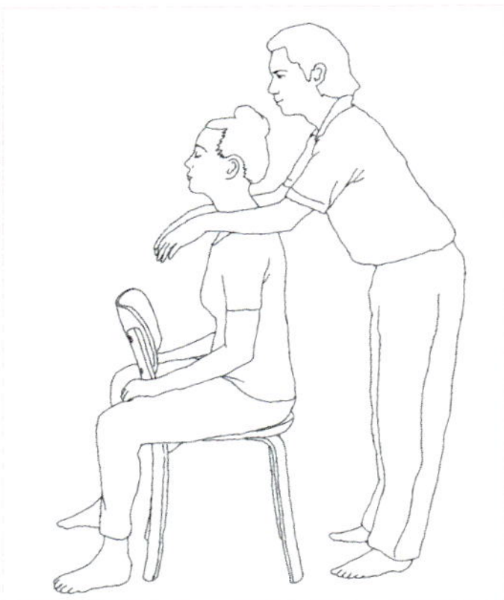

4 팔로 어깨 눌러주기

어깨 위에 손등을 위로 한 채 팔을 얹어 놓고 몸무게를 실어 교대로 눌러준다.

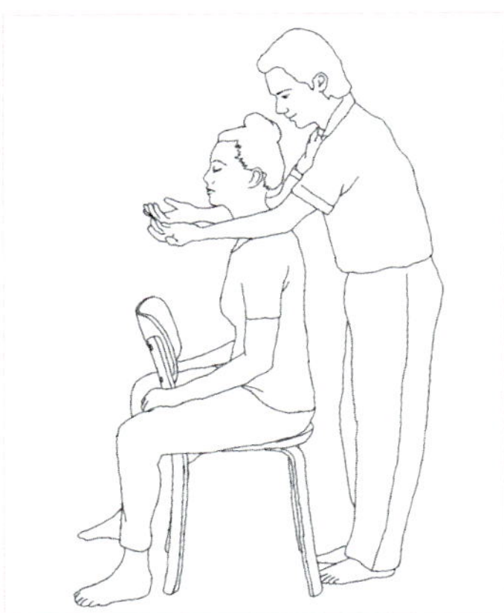

5 팔을 굴리면서 어깨 눌러주기

팔을 어깨 위에 얹어 놓고 팔을 굴리면서 어깨를 눌러준다.

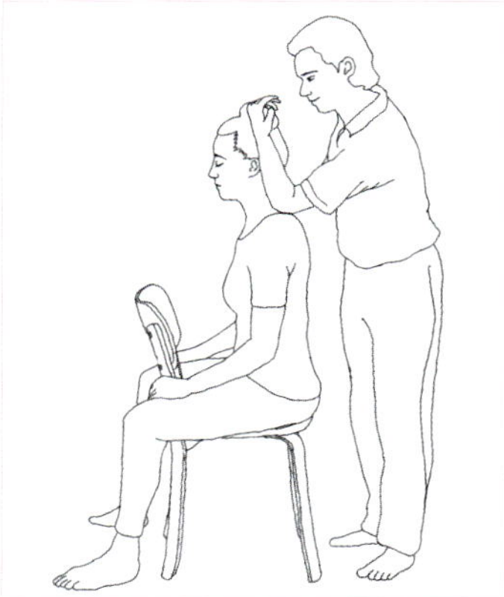

6 팔꿈치로 어깨 눌러주기

팔꿈치로 어깨 부위를 눌러준다.

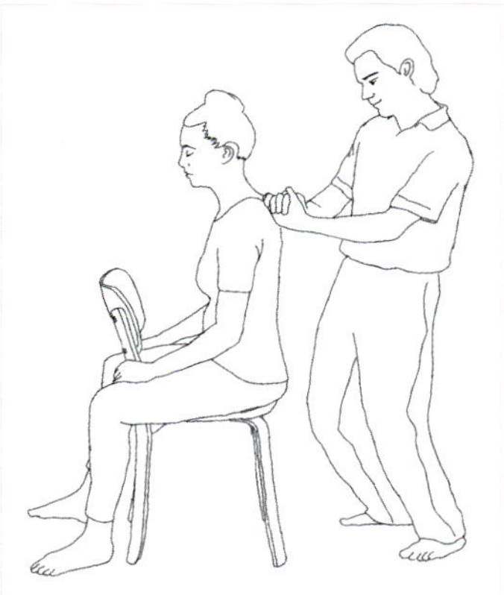

7 등 윗부분 두드리기

손을 맞잡은 상태에서 등 윗부분을 두드린다.

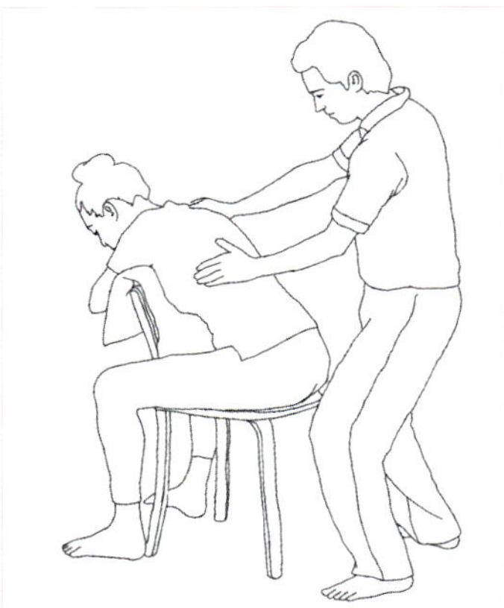

8 손바닥과 주먹으로 등 밀어주기

의자에 방석을 놓고 앞으로 기댄 상태에서 한 손은 고정하고 다른쪽 손바닥과 주먹으로 등 한쪽을 옆으로 압력을 주면서 밀어주고 난 후 다른 쪽을 시행한다.

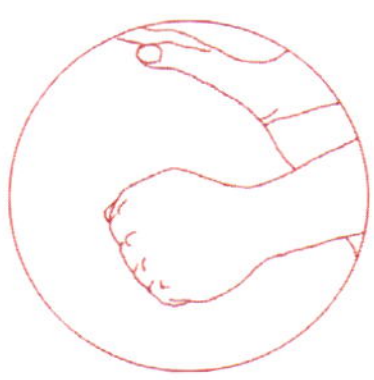

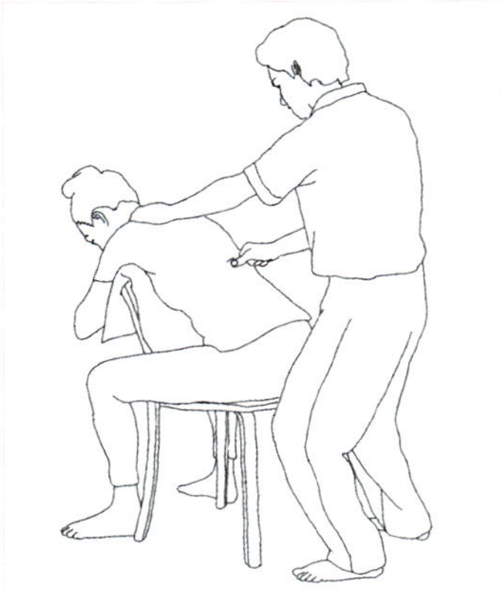

9 척추기립근 압력 주기

왼쪽 손은 어깨를 잡고 오른쪽 검지와 중지를 굽혀서 척추 기립근을 따라 눌러준다.

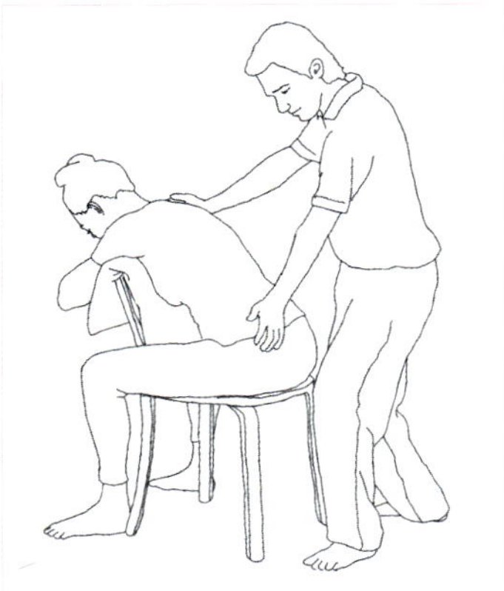

10 어깨와 허리 스트레칭

오른 쪽 어깨와 왼쪽 허리를 잡고 스트레칭한 후 다른 쪽에도 같은 방법으로 시행한다.

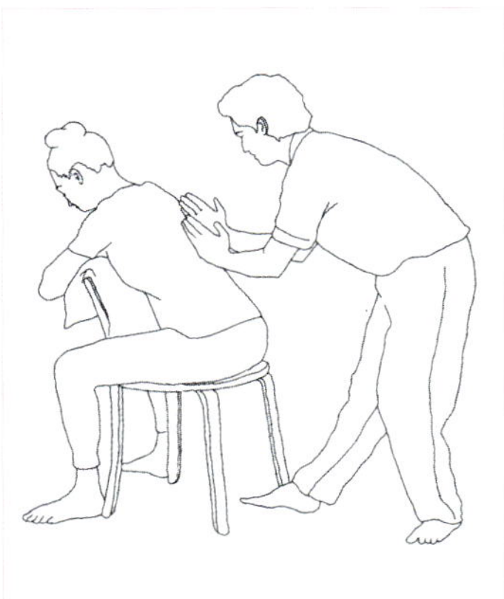

11 척추기립근 비벼주기

손의 측면을 이용하여 척추기립근을 따라 비벼준다.

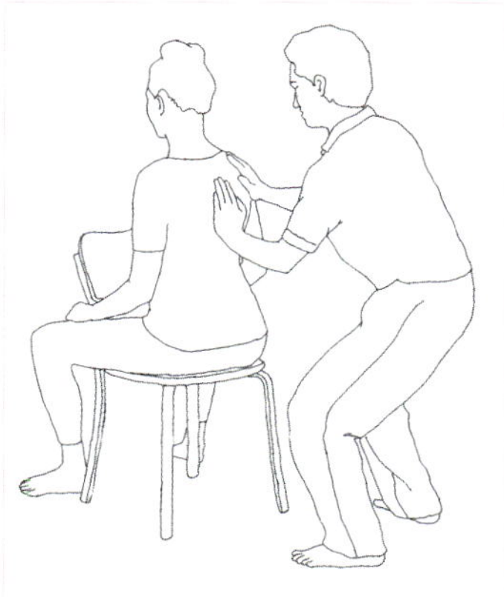

12 견갑골 집어주기

방석을 치우고 똑바로 앉은 상태에서 한쪽 손은 어깨를 잡고 다른 쪽 손으로 견갑골 주위를 집어준다.

13 견갑골 눌러주기

고객의 팔을 뒤로 꺾은 상태에서 한쪽 손은 어깨를 잡고 다른 쪽 손끝으로 견갑골을 눌러준다.

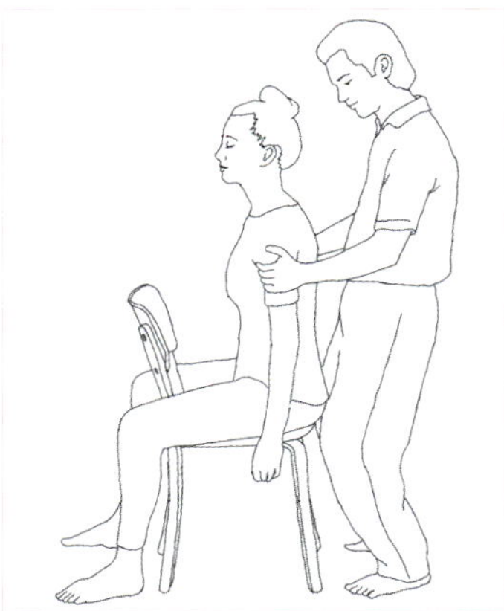

14 상완 부위 주물러주기

양쪽 상완 부위를 잡고 주물러준다.

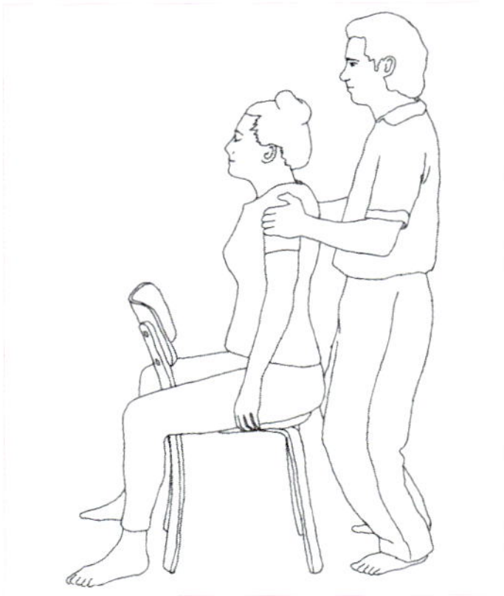

15 상완 부위 위로 올렸다가 내려주기

상완 부위를 잡고 위로 힘껏 올렸다가 동시에 내려준다.

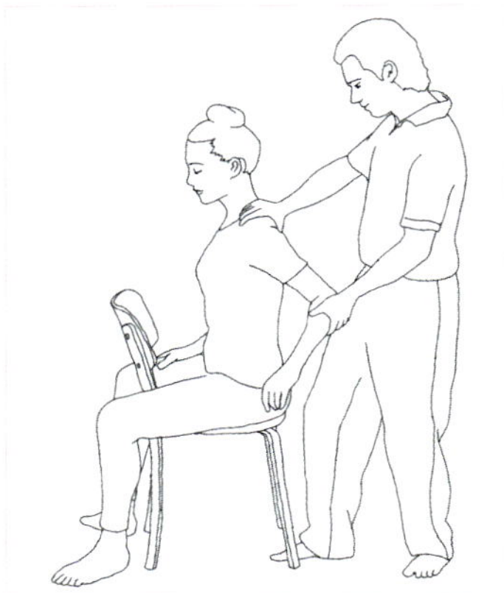

16 전완 부위 잡고 앞으로 회전하기

한 손은 어깨를 잡고 다른 손으로 전완 부위를 잡고 원을 그리면서 앞으로 돌려준다.

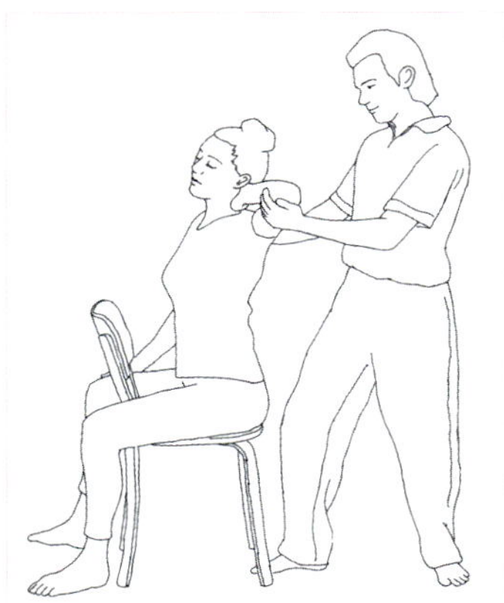

17 한쪽 팔 뒤로 젖혀주기

피시술자는 한 손으로 목 뒤를 잡고 시술자는 한 손은 목 뒤에 있는 손을 누르고 다른 손으로 팔꿈치 부위를 잡고 뒤로 젖혀준다.

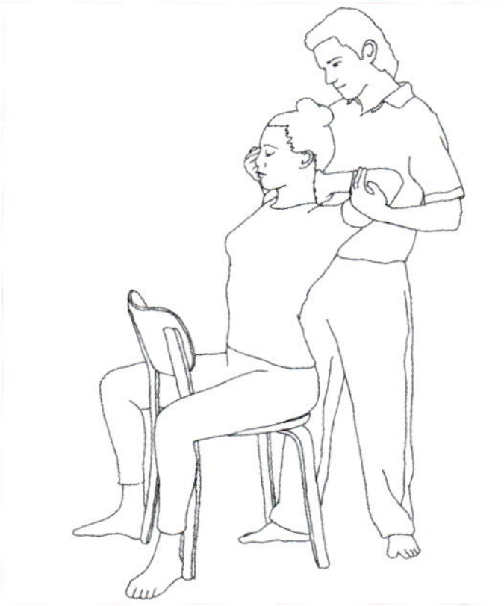

18 양쪽 팔 뒤로 젖혀주기

피시술자는 양손으로 목을 잡고 시술자는 양손으로 팔꿈치 부위를 잡고 뒤로 젖혀준다.

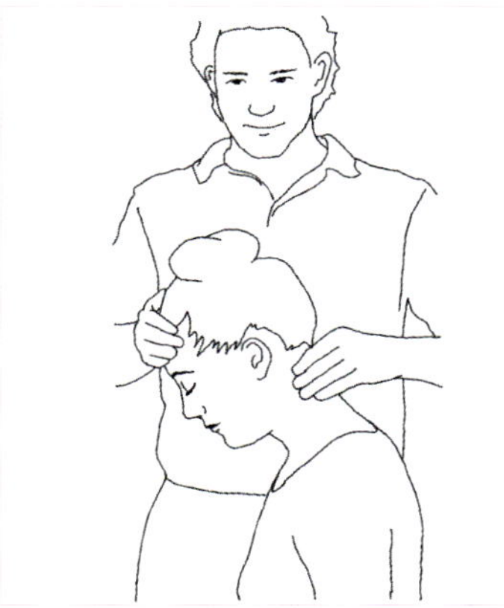

19 후경 부위 주물러 주기

한 손은 이마를 잡고 다른 손으로 후경 부위를 주물러준다.

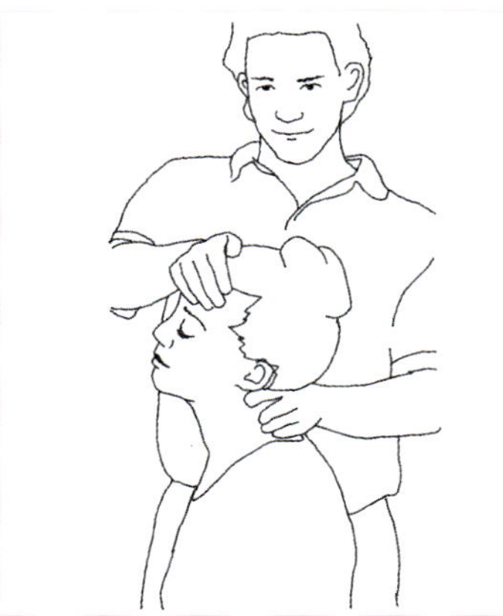

20 머리 돌려주기

한 손은 이마를 잡고 다른 손은 후경 부위를 잡고 고개를 오른쪽과 왼쪽으로 천천히 돌려준다.

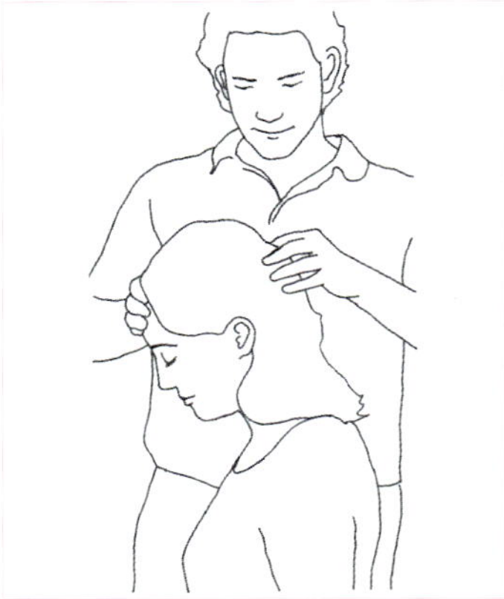

㉑ 두피 쓰다듬기

한 손은 이마를 잡고 지두로 두피 부위를 샴푸하듯이 부드럽게 위로 쓰다듬는다.

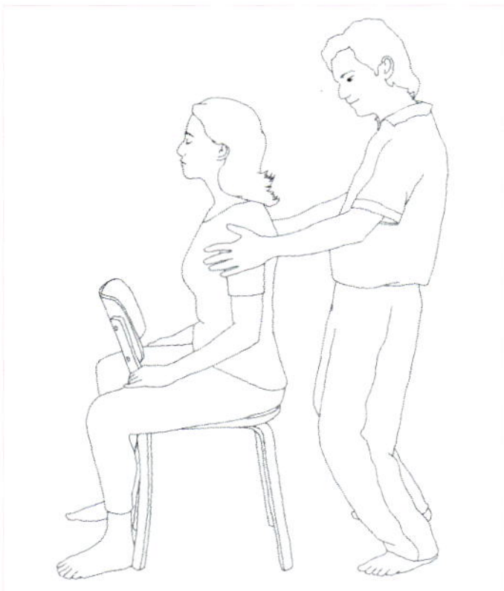

㉒ 등과 어깨 쓰다듬기

손바닥으로 등과 어깨 부위를 부드럽게 쓰다듬는다.

전신관리차트

번호 No.	관리날짜 : 년 월 일
	피부미용사 :
이름 :	
주소 :	
전화번호 :	생년월일 : 년 월 일
직업 :	전신관리 경험 :
체중 : kg	키 : cm
가족력 :	운동량
약물복용 :	생리주기 :
임신여부 :	수술 여부 :
음주량 :	식습관 :
알레르기 :	콘텍트랜즈 착용 여부 :
관리목적 :	
관리계획 :	
관리내용 :	
관리시간 :	

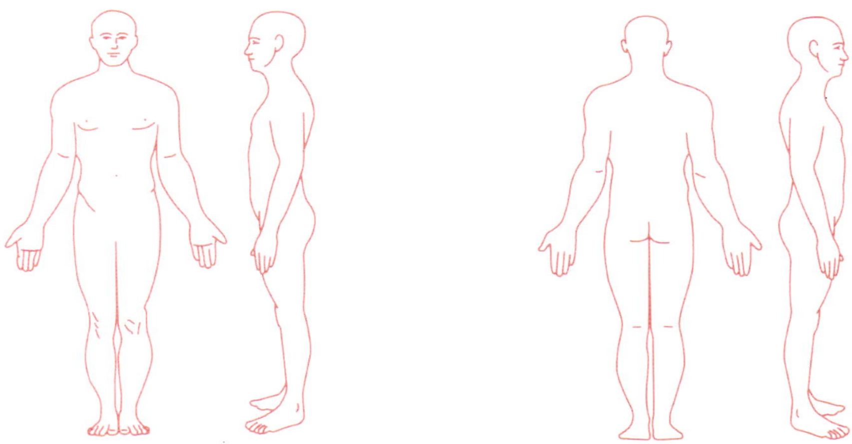

고객평가 및 건의사항

다음 관리 날짜 : 년 월 일

전신관리차트

번호 No.	관리날짜 :　　년　　월　　일
	피부미용사 :
이름 :	
주소 :	
전화번호 :	생년월일 :　　년　　월　　일
직업 :	전신관리 경험 :
체중 :　　kg	키 :　　cm
가족력 :	운동량
약물복용 :	생리주기 :
임신여부 :	수술 여부 :
음주량 :	식습관 :
알레르기 :	콘텍트랜즈 착용 여부 :
관리목적 :	
관리계획 :	
관리내용 :	
관리시간 :	

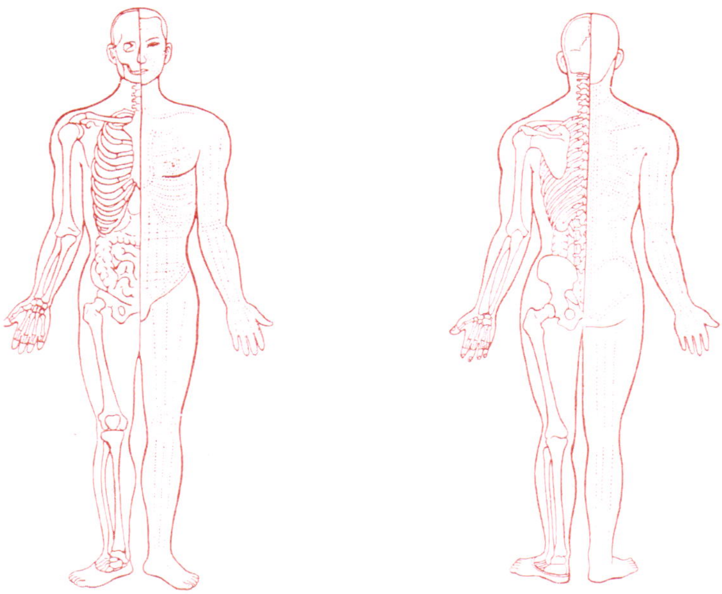

고객평가 및 건의사항

다음 관리 날짜 :　　년　　월　　일

참고문헌

『베이직 마사지 테크닉』, 김주연 외, 광문각출판사

『베이직 바디 트리트먼트』, 강수경 외, 청구문화사

『피부미용학』, 한영숙 외, 청구문화사

『피부관리 실습서 II』, 이연희, 정담미디어

『피부관리 기초실습』, 양현옥 외, 훈민사

『피부미용실기』, 한영숙 외, 청구문화사

『Visual anatomy & physiology』, 대경출판

『최신미용경락』, 최은영 외, 청구문화사

『기초실무 안면피부관리』, 이연희 외, 광문각출판사

『베이직 에스테틱』, 김광옥 외, 성화

『DK 인체생리, 해부도』, 민유정, 대경북스

『Body treatment and dietetics for the beauty therapist』, Ann Gallant, stanley

『Aesthetics the therapist theory & practics』, Ann Hagman stanley

『Textbook of Dr. Vodder's Mannual Lymph Drainage』, H. and G wittlinger, Hang

찾아보기

ㅇ

ㅈ

〈 집필진 〉

- 홍승정 (수원여자대학 미용예술학과 교수)
- 이연희 (혜전대학 미용계열 교수)
- 최은영 (한서대학교 피부미용과 교수)
- 이길영 (장안대학 피부미용과 교수)
- 이연미 (서울종합예술학교 뷰티예술학부 교수)
- 권혜영 (국제대학 뷰티디자인계열 교수)
- 윤미숙 (계명문화대학 뷰티코디네이션학부 교수)

기초실무 전신피부관리

2010년 8월 25일 1판 1쇄 인쇄
2010년 8월 30일 1판 1쇄 발행

지은이 : 홍승정 이연희 최은영 이길영
이연미 권혜영 윤미숙

펴낸이 : 박 정 태

펴낸곳 : **광 문 각**

413-756
경기도 파주시 교하읍 문발리 파주출판문화도시
500-8번지 광문각빌딩 4층
등 록 : 1991. 5. 31 제12-484호
전화(代) : 031)955-8787
팩 스 : 031)955-3730
E-mail : kwangmk@unitel.co.kr
홈페이지 : www.kwangmoonkag.co.kr

ISBN : 978-89-7093-582-9 13590

정가 : 17,000원

한국과학기술출판협회